SHODENSHA
SHINSHO

文系でもわかるAI時代の数学

永野裕之

JN110561

祥伝社新書

はじめに

２０１９年に経済産業省と文部科学省は**「数理資本主義の時代～数学パワーが世界を変える～」**と題されたレポートを発表しました。その冒頭には

> 第四次産業革命を主導し、さらにその限界すら超えて先に進むために、どうしても欠かすことのできない科学が、三つある。それは、第一に数学、第二に数学、そして第三に数学である。

という扇動的な文言が躍《おど》っています。

蒸気機関の発明がもたらした第一次産業革命、電気の登場による第二次産業革命、コンピュータの普及による第三次産業革命に続く「第四次産業革命」が、今まさに現在進行中であることをご存知でしょうか？　革命というのは、渦中にいるときには意外と気づきづらいものなのかもしれませんが、ＡＩ（人工知能）やＩｏＴ（モノのインターネット）等を用いた技術革新が日々さまざまな場面にイノベーションを起こし、これらがもたらす画期的

な製品やサービスによって、かつてない勢いで新しい市場が開拓されているのは事実です。

とくに「ＡＩ」はバズワードになって久しいです。試しに、日本経済新聞オンラインのキーワード検索で「ＡＩ」を検索してみると、たった１日分の新聞紙面の中にＡＩについて書かれている記事が９つもあります（２０２２年６月４日・筆者調べ）。

ＡＩはもはや時代を先に進めるような駆動力にまで成長しました。

ではこの**「ＡＩ時代」**を生き抜くために、どうして数学がそんなに大事なのでしょうか？　その理由をお話しする前に、まずはＡＩの歴史をさらっと概観してみましょう。

ＡＩの歴史

じつは、ＡＩがブームになったのは、今回が初めてではありません。「第１次ＡＩブーム」は１９６０年代に、「第２次ＡＩブーム」は１９８０年代にそれぞれ起きています。

第１次のＡＩブームは、「コンピュータの父」と呼ばれる**アラン・チューリング**が著書『計算する機械と知性』（１９５０年）の中で「機械は考えることができるのか？」と問いかけたことがきっかけになりました。チューリングは、機械が自ら思考したかどうかは、人との自然な会話が成立したかどうかで判断できる、としていわゆる「チューリングテスト」を提唱しました。

黎明期《れいめいき》のコンピュータでも推論の方法を教えれば、チェスや将棋、あるいは迷路のような明確なルールが存在する問題に対しては高い性能を示すようになり、これがブームを引き起こしました。しかし、大容量の記録媒体がなかった当時は、コンピュータに多くのデータを記憶させることはできませんでした。言わば、論理を教えることはできても、知識を教えることはできなかったのです。そのため、さまざまな問題が絡《から》み合う現実の課題の前では無力であることが露呈し、やがてブームは下火になってしまいます。ちなみにチューリングテストにおいて初の合格者が出た（審査員の33％がプログラムの「ユージーン」を人間であると判断した）のは2014年のことでした。

1980年代になると、メモリーやハードディスクが安価になり、「もし〜ならば……である」という推論に必要な「知識」も記録できるようになります。ある分野の知識をコンピュータに大量に入力することで、その分野の専門家のように答えを導くプログラムが生まれ、第2次AIブームが起きました。このプログラムは**「エキスパートシステム」**と呼ばれています。エキスパートシステムは、現在も多くの企業が導入していて、たとえ

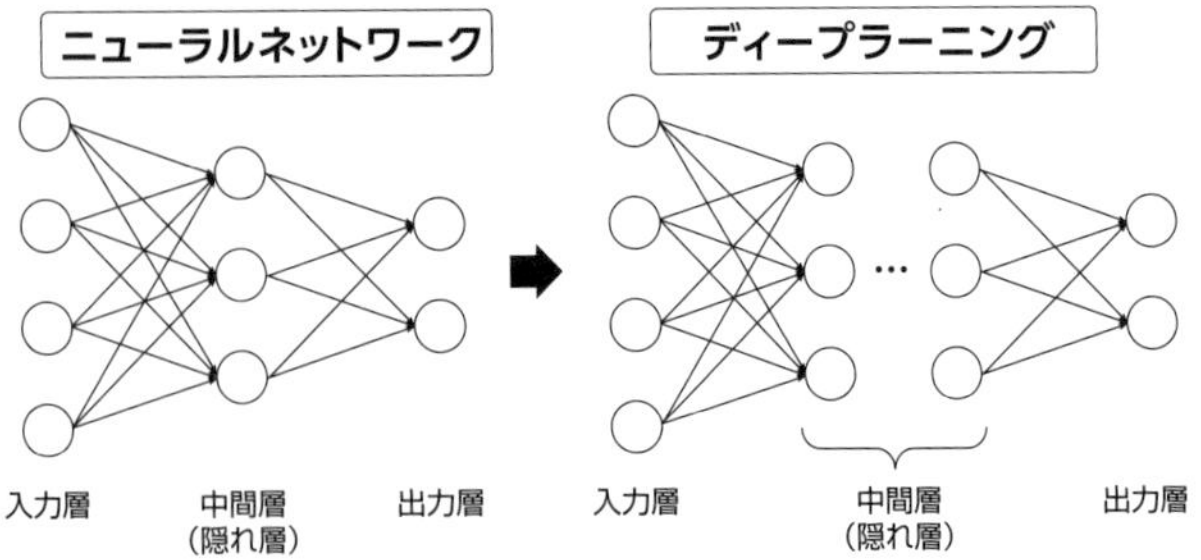

ば、アマゾンや楽天などのＥＣサイトがユーザーの購入・検索履歴からオススメの商品を提示できるのはエキスパートシステムのなせる業《わざ》です。ただし当時は、膨大な「知識」を人間がコンピュータに理解できる形で入力しなくてはいけなかったり、ハードウェアの能力が不足していたりしたため、期待されたような成果を上げるに至らず、世間の熱も冷めていきました。

今日《こんにち》の「第３次ＡＩブーム」の盛り上がりは、コンピュータの性能の指数関数的な向上と、ビッグデータ時代の到来が背景にあります。そこに**ディープラーニング**（深層学習）が登場したことによって火がつきました。

２０１２年に開かれた世界的画像認識コンペティション「ＩＬＳＶＲＣ」において、トロント大学の**ジェフリー・ヒントン教授**のチーム（SuperVision）は、オックスフォード大学や東京大学といった名だたる研究機関を抑え、圧倒的なスコアで優勝しました。人工知能研究の世界に衝撃を与えたこの大番狂わせの立役者こそ、ヒントン教授らが開発した「ディープラーニング」でした。ディープラーニングは、脳の神経回路の一部を模したニューラルネットワークの中間層（隠れ層）を多層化することによってコンピュータが自動的に学習を行ない、精度が上がるように設計されたものです（238ページ参照）。

文系・理系の区別は日本だけ

過去2回のAIブームは「革命」に繋がるようなことはありませんでした。しかし、今回の「ブーム」は明らかに社会を変えつつあります。もはやAIは、一過性の「ブーム」ではなく、私たちの生活に確かな、そして大きな影響を与える存在になりました。

とはいえ、いくらAIが社会を席巻していると言っても、**なぜ文系でも数学の素養が必要なのでしょうか？**

そもそも、日本ほど「文系」と「理系」の断絶が深い国は世界に類がありません。人文・社会科学と自然科学を2つの文化に分ける発想は海外でも普通ですが、「自分は文系」「自分は理系」という二者択一のアイデンティティを持ってしまうのは、日本独特の風習です。

実際、海外の大学では学生が人文・社会科学系の学部から自然科学系の学部に「越境」するのはそう珍しいことではありません。しかし、日本の大学では入学後に文系学部から理系学部に転入するいわゆる「理転」はかなり稀《まれ》です（逆の「文転」は聞きます）。カリキュラムの問題以上に、文系学部に進学した学生の多くが「自分は理系には向いていない」と思ってしまっているからでしょう。

文系と理系の振り分けは、明治維新以降、政府が予算のかかる学問を専攻する学生の数を制限したことが発端《ほったん》になりました。確かに、黒板があれば授業が成立する文系に対して、理系は実験設備などにお金がかかります。

ただ、今のような明確な二分化が進んだのは１９７０年代以降です。高校生の数が増えて、受験戦争が激しくなるにつれて文理分けが顕著になり、さらに１９８０年代の「入試改革」によって私立大学の多くが小科目入試を導入したため、文系学部の入試には数学を課さない大学が一挙に増えました。その結果、数学を真剣には学ばなかった「文系」と数学を真剣に学んだ「理系」との間に、大きな溝ができてしまったというわけです。

なぜ、文系でも数学が必要なのか？

こうした前時代的な区分は、今日、さまざまな弊害を生んでいます。

たとえばプログラマー。プログラマーと聞くと、理系の仕事と思われるかもしれませんが、実際は文系出身のプログラマーの方は少なくありません。たとえ数学の素養がほとんどなくても、プログラミングそのものを学び、習得することは不可能ではないからです。

もちろん、複雑な問題を切り分け、過去の成功例の中から利用できるものは活《い》かしながら問題解決を実現するには、数学的思考が役に立ちます。そのため、昔から「プログラマーは数学がわかっているほうがいい」とは言われてきました。しかし、最近は「プログラマーは数学がわかっていなければならない」に変わってきており、文系出身のプログラマーの多くが頭を抱えていると言います。その理由がＡＩの台頭にあることは言うまでもありません。

後述する通り、ＡＩはとくに「統計」「微分積分」「線形代数」の３分野の数学を使います。少なくともＡＩに関係する案件では、これらに関する素養が不可欠なのです。

それでも「いやいや、別に自分はプログラマーになるわけじゃないから、やっぱり数学は必要ないよ」と思われる方は少なくないでしょう。もっともな意見です。ＡＩがもたらす便利さを享受《きょうじゅ》するためだけだったら数学など必要ないだろう、と思う気持ちはよくわかります。

でも本当にそうでしょうか？

ＡＩが急速にその活躍領域を広げてきた数年前から**「ＡＩは人間の仕事を奪う」**と危惧する声があがるようになりました。確かに、大量のデータをもとに推論することにかけては、人はＡＩに勝つことはできません。

たとえば、ＡＩは契約書を作成する際、既存の契約書との差異を教えてくれたり、条文に隠れたリスクを検知してくれたりします。今までは高額な報酬を支払って弁護士にお願いしていたような業務を肩代わりしてくれるのです。また最近は、トラックなどに荷物を効率よくきれいに積み込む順番をアドヴァイスしてくれるＡＩも登場しています。積載現場でベテラン作業員の経験に頼る必要はなくなりました。

他にも、ブルーカラーでは受付係やデータ入力、郵便配達などが、ホワイトカラーでは会計、経理、薬剤師、一般事務などの職務はＡＩに代替《だいたい》されやすいと言われています。

しかし、ＡＩにも苦手な分野があります。それは、**新しいことを創造したり、データの**

ない未知のものを分析したりすることです。

たとえば、企業ロゴや広告のアイディアをＡＩは大量に生成することができます。また、それぞれがもたらす効果を過去の事例をもとに推論することもできるでしょう。でも、これまでにない新しい分野に挑戦する企業やサービスであればあるほど、過去の事例はあくまで参考に過ぎず、最後のチョイスは人間に委《ゆだ》ねられます。

ＡＩは膨大なデータを分析することで、ロゴや広告と売上の間に相関関係（64ページ参照）があるかどうかは判断してくれます。しかし、その相関関係が因果関係によるものなのかそうではないのかの判断は人間が行なわなくてはなりません。そのためには、相関関係とは何であるかという正しい知識を持つと同時に、何をもって「相関関係がある」と判断したのかというプロセスまでを理解しておく必要があるでしょう。

本稿執筆途中に**「ついにＡＩが感情を持った」**というニュースが飛び込んできました。グーグルの技術者であるブレイク・ルモワン氏が、同社が開発しているＡＩの「ラムダ」は意識を持つレベルに達した、とマスコミに報告したのです。

ラムダはインターネット上に存在する大量のテキストから情報を抽出し、人間との自然な会話を実現するために開発されました。そのラムダが、自分には人間のように感情があり、スイッチをオフにされることを「死」のように感じていると語ったというのです。

しかし、グーグルは即座にこの見解を否定し、守秘義務違反を理由にルモワン氏を休職扱いにしました。グーグルの広報担当者によると、倫理学者と技術者のチームが会話の内容を精査したところ、ルモワン氏の主張を裏付ける証拠はなかったということです。

グーグルだけでなく、専門家の多くは「ＡＩが感情を持つ可能性はゼロではないものの、それはずっと遠い未来のことだ」と言っています。

ドラえもんのような感情を持つＡＩの登場は、まだ少し先のことかもしれませんが、**人間がＡＩと共存・共栄していかなくてはいけない時代**は既に来ています。ＡＩが得意なことと不得意なことを正しく理解し、お互いを補うような関係を築いていかなくてはならないのです。

ＡＩの強みと弱みを正しく理解し、うまく付き合うための力を「**ＡＩリテラシー**」と言います。では、どうしたら「ＡＩリテラシー」を身につけることができるでしょうか？

もうおわかりですね。そうです。ＡＩが活用し、ＡＩが判断の拠《よ》り所にしている数学の素養を持てばよいのです。

AIリテラシー

リテラシー（literacy）とは本来、**読み書きができる能力**のことを言います。義務教育を終えた日本人なら誰もが持っている力です。同じように「○○リテラシー」を身につけるのも決して難しいことではありません。難しい専門的な技能を持つ必要はなく、○○についての基本的な知識と理解があればそれでいいのです。

本書では、**文系の方のために、「AIリテラシー」を身につけるための手ほどき**をさせていただきます。

具体的には、**「統計」「微分積分」「線形代数」「トポロジー」**の4分野についての**イロハの「イ」をできるだけやさしく**お話ししていきます。

言うまでもなく、数学は積み上げの学問なので、たとえば「線形代数を学びたい！」と思い立っても、本来は、急には難しいものです。でも線形代数を駆使して自らプログラムを組めるようになったり、多変量解析ができるようなったりするレベルを目指すのではなく（もちろんご興味があれば是非そこまで頑張っていただきたいのですが！）、AIがどんな風に線形代数を使っているのかというその雰囲気をお伝えすることなら、これまでの「積み上げ」がなくてもきっと可能だろう、そして「ＡＩリテラシー」を身につけるためならそれで十分お役に立てるだろう、というのが本書の執筆動機です。

文系の皆さんが「ＡＩリテラシー」を獲得するには、先の４分野についての知識はどうしても欠かせない、と私は思います。以下その理由を簡単に記します。

《統計》

ＡＩに必要な数学、と聞いて一番に思い浮かべるのは「統計」ではないでしょうか？　言うまでもなくコンピュータが読み込むものはすべて数字です。人の好みとか商品の品質、認知度など、数値にしづらいものもすべて定量化されてデータになります。

統計というのは、そういう数字の羅列の中から意味のある有益な情報を導き出す手法です。ＡＩは、宝の山であるビッグデータから本当に必要な、そして正しい情報を引き出す（これを**データマイニング**と言います）ために、絶えず大量の数値に統計的な処理を行なっているのです。

この先は余談ですが、「失われた30年」の間に日本の国力が著《いちじる》しく下がってしまった大きな要因の一つは、統計教育の遅れだと言われています。そもそも日本には長らく「統計学部」がありませんでした。2017年に新設された滋賀大学の「データサイエンス学部」が国内初の独立した統計学部です。大学院はと言えば、2019年に日本で初めてとなる「データサイエンス研究科」が同大学の大学院に設立されたばかりです。

一方、アメリカでは統計学の修士（大学院の修士課程を修了した者）を、2000年の時点で約8000人、2010年には約20000人、そして2020年にはなんと約50000人も輩出しています。

グーグルのチーフ・エコノミストだったハル・ヴァリアン氏は、2009年に「これからの10年で最もセクシーな（魅力的な）職業は、統計学者だ」と語りました。実際、アメリカの求人情報サイト「CareerCast」によると、2021年の職業ランキングの1位はデータサイエンティスト（統計学者は3位にランクイン）です。

日本が長い間統計教育を軽んじてきたツケはあまりにも大きいと私は思います。

《微分積分》

AIは、人間の指示を待つことなく、ひとりでどんどん「学習」をします。何を学習するのかと言いますと、自らがはじき出した予想と実際の値がどれくらいずれているかを調

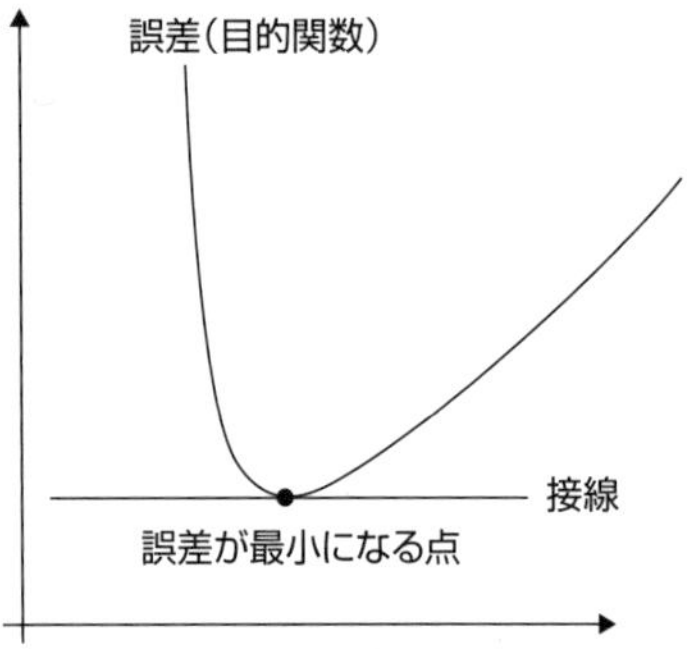

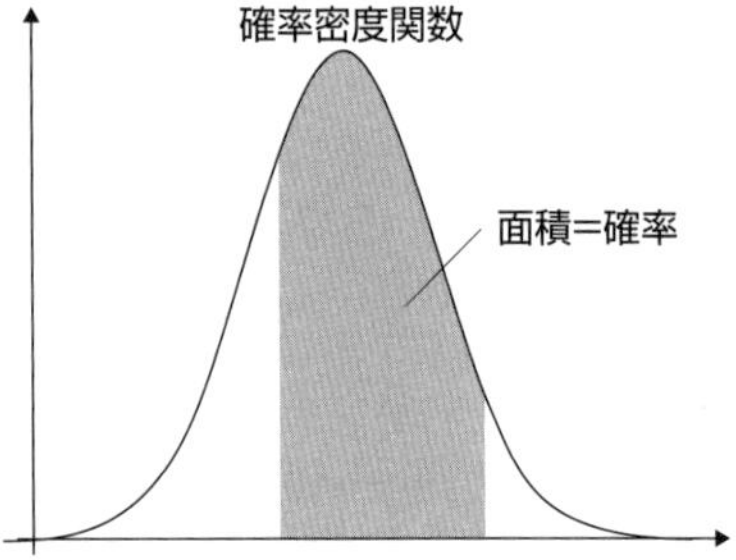

べ、その誤差をできるだけ小さくするためには、どの入力値を重要視すべきかを学習するわけです。

多くの場合、誤差は「**目的関数**」と呼ばれる関数として表されます。誤差が最も小さくなるのは、この関数の値が最小になるときですが、その点におけるこの関数のグラフの接線の傾きは0になります。**微分**とは**ある点におけるグラフの接線の傾きを求めたり、グラフの概形を捉えたりする計算**です（122ページ参照）。

また、距離や時間のような連続量と呼ばれる数値に関する確率を求めるには、「**確率密度関数**」と呼ばれる**関数のグラフと横軸で挟まれたある区間の面積を求める**必要があり、それには**積分**（137ページ参照）が使われます。

《線形代数》

簡単に言ってしまうと、**線形代数**というのは**連立方程式をシステマチックに解くための手法**です。中学の頃に学んだｘとｙの連立方程式は、未知数の数が２つしかないので、手計算でも簡単に解けました。では、未知数が５個も10個もあったらどうでしょう？

現実社会の問題では、そういうケースも大いにあり得るのですが、５個も未知数があったらお手上げだと思う人は多いのではないでしょうか。しかし、線形代数にはどんなに未知数の数が増えても連立方程式を型通りに解く方法があります。その方法は、紙と鉛筆で解くにはかなり面倒ですが、コンピュータには決まり切った手順の計算はお手のものです。

また前述のニューラルネットワークやディープラーニングでは、多数の入力と出力を同時に処理します。そんなときに活躍するのが、**ベクトル**であり**行列**です（173ページ参照）。

線形代数はベクトルや行列を使って、複数の数値を同時に扱う方法を教えてくれます。ベクトルや行列を使うと、複数の数式が１つにまとまり、簡略化されるのでプログラムも簡潔になります。これがＡＩには好都合です。なぜなら膨大なデータを学習させるとき、シンプルな形であれば、効率よく大量の知識を学習させることができるからです。ＡＩにとって線形代数は「もっともわかりやすい言葉」であると言ってもいいでしょう。

《トポロジー》

本書では、トポロジー（位相幾何学《いそうきかがく》）について書いた章は、前の３つの分野について書いた章と比べると半分ほどのページ数になっていますので、「３・５章」とさせていただきました。しかしそれは、トポロジーが重要でないからではありません。トポロジーは20世紀以降に生まれた新しい数学である上に応用範囲が多岐にわたるため、もう少し踏み込んでお話ししようとすると、丸々1冊分の紙幅が必要になると思ったからです。

簡単に言ってしまうと、**トポロジー**というのは、**新しい図形の見方**です。「やわらかい幾何学」と呼ばれることもあるトポロジーの世界では、図形を、自由に伸びるゴム膜でできているものと考え、引っ張ったり、ぐにゃぐにゃに曲げたりして、コーヒーカップとドーナツのようにまったく違って見える図形どうしも「同じ」にしてしまいます（２７３ページ参照）。「同じ」を拡大解釈し、図形を抽象化するトポロジーの研究は、ＡＩの画像認識の技術に大きく貢献しています。

また、トポロジーは、**ものとものとの「繋がり」も抽象化**します（276ページ参照）。「繋がり」における本質をモデル化するトポロジーの視点は、AIの主戦場の一つであるインターネット、SNS、口コミといったネットワーク全般について多くの知見を与えてくれます。

Society 5.0

小学校は2020年度から、中学校は2021年度から、そして高校は2022年度から新しい指導要領によるカリキュラムが始まりました。学習指導要領は約10年ごとに改訂されますが、今回の改訂は「戦後最大」と言う声が多いです。数学においては、やはり統計関連の単元が大幅に増えました。その改革の根幹にあるのは、第四次産業革命のあとに訪れるであろう**「Society 5.0」**を生き抜く力の育成です。

Society 5.0は、狩猟社会、農耕社会、工業社会、情報社会に続く5番目の社会として、私たちが目指す未来社会の姿として2016年に政府によって提唱されました。Society 4.0の情報社会では、情報が人を助けてはくれますが、集めた情報をもとにした判断、分析、提案、操作は人の手に委ねられます。たとえば、カーナビは目的地までの複数の道順を示してはくれますが、どの道で行くのかを選ぶのは人であり、実際に車を運転するのも人です。

これに対し、Society 5.0では人が介在する必要はありません。**ビッグデータをAIが解析することによって、さまざまな作業から人を解放してくれます**。カーナビを操作しなくても、行き先を口で言うだけで、自動運転で目的地にまで連れていってくれるようになるのです。

Society 5.0が実現すれば、人はより創造的な作業に専念できます。これにより、多様化する価値観や環境の中で、個人に合った本当に必要な価値の創出ができるようになるはずです。

新学習指導要領によってSociety 5.0に適した教養を身につけた新社会人たちがまもなく登場します。そう聞くと、これまでとは違う新しい社会の到来に不安を覚える方もいらっしゃるかもしれません。

でも、大丈夫です。**数学という共通言語さえあれば、新しい時代の新しい人材とも大いに対話ができます**。そうなれば、あなたの経験や感性は、個々人のニーズを満たす快適な暮らしを目指す社会の中で、かけがえのない輝きを放つことでしょう。

本書が、あなたの不安を解消し、新しい社会でも通用する共通言語を手に入れるための一助になれば、筆者としてこれ以上の喜びはありません。

令和4年の夏至の日に……

永野裕之

目次——文系でもわかるAI時代の数学

第3章
線形代数

第3・5章

トポロジー

本文ＤＴＰ　アルファヴィル・デザイン

第1章

統計

「2つの統計」について

統計の「統」は「まとめる」、「計」は「かぞえる」という意味を持ちます。すなわち「統計」とは「すべてを集めて計算する」といった意味の用語です。と言っても、もちろん闇雲《やみくも》に計算するわけではありません。統計の計算には目的があります。それは、**数字の羅列から価値ある情報を得ること**です。数字の集まりから、判断を下《くだ》したり、行動を起こしたりするために必要な指針を得る計算を行なうのが統計だと言えるでしょう。

そんな統計には大きく分けて2種類あります。1つは「**記述統計**」、もう1つは「**推測統計**」です。

記述統計

記述統計というのは、**集めたデータを数値や表、グラフなどに整理してデータ全体の性質を把握する手法のこと**です。

仮にあなたが40人のクラスの数学の先生だとします。昨日あなたは数学のテストを行ないました。たった今採点が終わり、エクセルを使って出席番号順に全員の点数を記録したところです。あなたが見つめるディスプレイには0（点）〜100（点）の40個の数字が脈絡なく並んでいることでしょう。そのような、ただ数値を集めただけのデータのことを数学ではよく「生《なま》データ」と呼びます。何も料理されていない生の食材のようなものだからです。

さて、あなたは40人分の点数から何かしらの意味のある情報を引き出したいと考えています。どんな方法が考えられるでしょうか？　他のクラスや過去の成績と比べるために平均点を計算してみたり、何点台の生徒が多いのかがひと目でわかるように棒グラフにまとめたりするでしょう。あるいは、英語の先生と連携して、数学の成績の良い生徒ほど英語の点数も良いなどの傾向があるかどうかを調べることもできるかもしれません。これらはすべて「記述統計」の手法です。

推測統計

一方、推測統計というのは、**全体から一部をサンプル（標本）として採取し、これを調べることで全体（母集団）の性質を確率的に推測する手法**のことを言います。推測統計は、味噌汁を作るときに、鍋から一匙《ひとさじ》すくって味見をすることで鍋全体の味を推し量《はか》ることに似ています。

推測統計は、サンプルを調べて母集団の特性を確率的に予想する「**推定**」と、標本から得られたデータの差異が誤差なのか、あるいは意味のある違いなのかを検証する「**検定**」を2本の柱にしています。

選挙のとき、開票速報で、いち早く（まだすべての開票が終わっていないのに）当選確実の報が出せるのは、推測統計の「推定」を行なっているからです。

これに対し、「1日2杯のコーヒーはがんの発生を抑える」などの仮説の信憑性《しんぴょうせい》を裏付けるのが「検定」です。たとえば、1日2杯のコーヒーを一定期間毎日飲んだグループの発がん率が通常より3％低いとして、「3％」が誤差の範囲なのか、それとも「3％」違えば確かに発がんを抑える効果があると言えるのかを考えるのが「検定」です。

なぜ確率が必要か

記述統計についても推測統計についてもこのあと詳しく紹介していきますが、その前に「確率」と確率の基礎となる「場合の数」についても簡単に触れておきたいと思います。

もし記述統計だけ理解すればいいのなら確率についての知識は必ずしも必要ではありま

せんが、推測統計についても紹介する以上、確率を避《さ》けて通るわけにはいきません。仮に一部のサンプルを調べて、全体（母集団）の平均値が推定できたとしても、全部を調べない限り、推測統計による平均値と本当の平均値（全部を調べた場合の平均値）にはズレが生じる可能性があります。そのため推測統計では、得られた推定値がどれくらい確かなものであるかを、確率を用いて言い添える必要があるのです。

場合の数のイロハ

「ものを数える」という行為は、数学の、というより文明の一番最初からありました。農作物の収穫を平等に分配したり、日中の放牧後に帰ってきた牛の数を確認したりするために、「数える」必要があったことは想像に難《かた》くありません。

少ない個数を数える場合は、1個、2個、3個……と指折り数えることもできるでしょう。でも、数えるべき対象が大量になると効率よく数えるための**知性**が必要になります。百円玉がたくさんたまってしまったとき、10枚ずつまとめて数えるのも1つの知性です。

人にものの個数を数えてもらえば、その人の知性をはかることができます。大学入試はもちろん、公務員試験やSPI試験等でも、**全部で何通りあるか**を答えさせる問題が頻出《ひんしゅつ》するのはそのためです。ある事柄について、それが起こり得る場合を漏《も》れも重複《ちょうふく》もなく数えあげたときの総数を「**場合の数**」と言います。英語では、number of cases です。

場合の数を考える際にはまず、「**順序を考える必要があるかどうか**」を確認します。

いくつかのものを、順番に1列に並べたものを**順列**と言い、順序に関係なく一組にしたものを**組合せ**と言います。順列の総数を答える問題では、順序を考える必要がありますが、組合せの総数を考える問題では順序を考える必要はありません。それぞれを詳しく見ていきましょう。

順列

たとえば、A、B、C、Dの4人のグループでキャプテンと副キャプテンを決める場合、何通りの選び方があるかを考えてみましょう（**図1-1**）。最初にキャプテンを選び、その後副キャプテンを選びたいと思います。このケースはA→Bと選ぶ場合と、B→Aと選ぶ場合とでは意味が違ってくる（前者のキャプテンはA、後者のキャプテンはB）ので**選ぶ順序を考える必要があります**。つまりこの場合の数は順列の総数です。

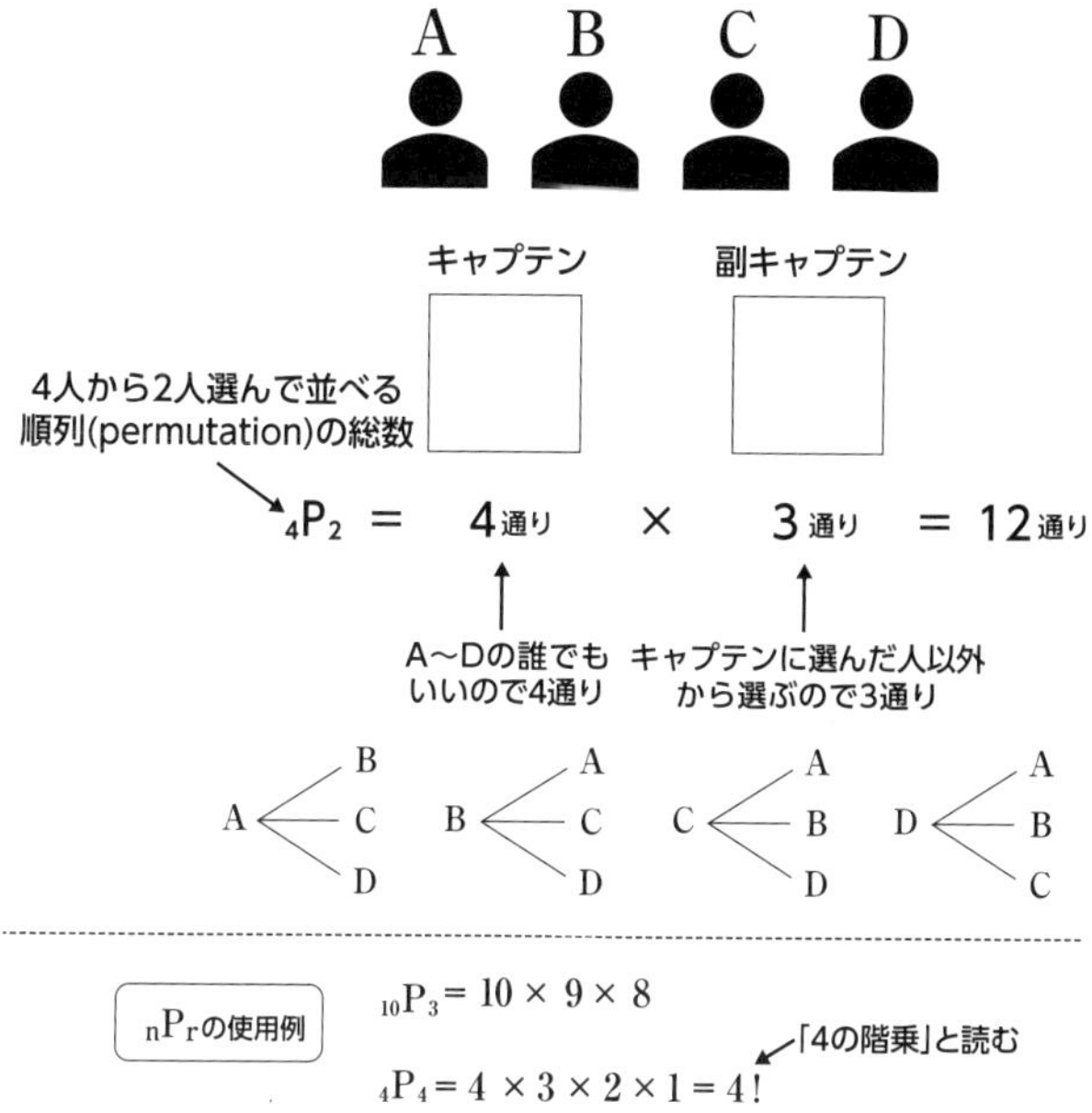

図 1-1

まず、キャプテンの選び方は4人の中から1人選ぶので4通り。次に副キャプテンの選び方は、キャプテンに選んだ人以外の3人から選ぶので、3通り。キャプテンの選び方のそれぞれに対して、副キャプテンの選び方が3通りあるので、求める順列の総数は4×3＝12通りになります。

このように異なる4人（個）から2人（個）選んで並べる順列の総数は記号を使って、$_4P_2$と書くことがあります。本書の中では記号はあまり気にしなくてよいのですが、確率や統計について書かれたものの多くにはこの記号が出てくるので紹介しておきます。なおPは順列を表す英語のpermutationの頭文字です。

同様に異なる10人（個）から3人（個）を選んで並べる順列の総数は、$_{10}P_3=10\times9\times8=720$通りです。なお、$_4P_4=4\times3\times2\times1$のように、ある数から始めて、1ずつ小さくしながら「1」まで順に（階段を1段ずつ降りるように）掛け合わせたものを階乗と言います。4×3×2×1は「4!」と表し、「4の階乗」と読みます。この感嘆符（!）を使った記号もよく登場するので、知っておいてもらったほうがいいかもしれません。

組合せ

次にA、B、C、Dの4人の中から買い出しに行ってもらう2人を選ぶ場合を考えてみましょう（図1-2）。今度は、A→Bと選んでもB→Aと選んでも同じ（買い出しに行く2人がAとBであることに変わりはない）ので**選ぶ順序を考える必要はありません**。つまりこの場合の数は組合せの総数です。

組合せの総数は順列の総数をもとに考えることができます。4人から2人を選んで並べ

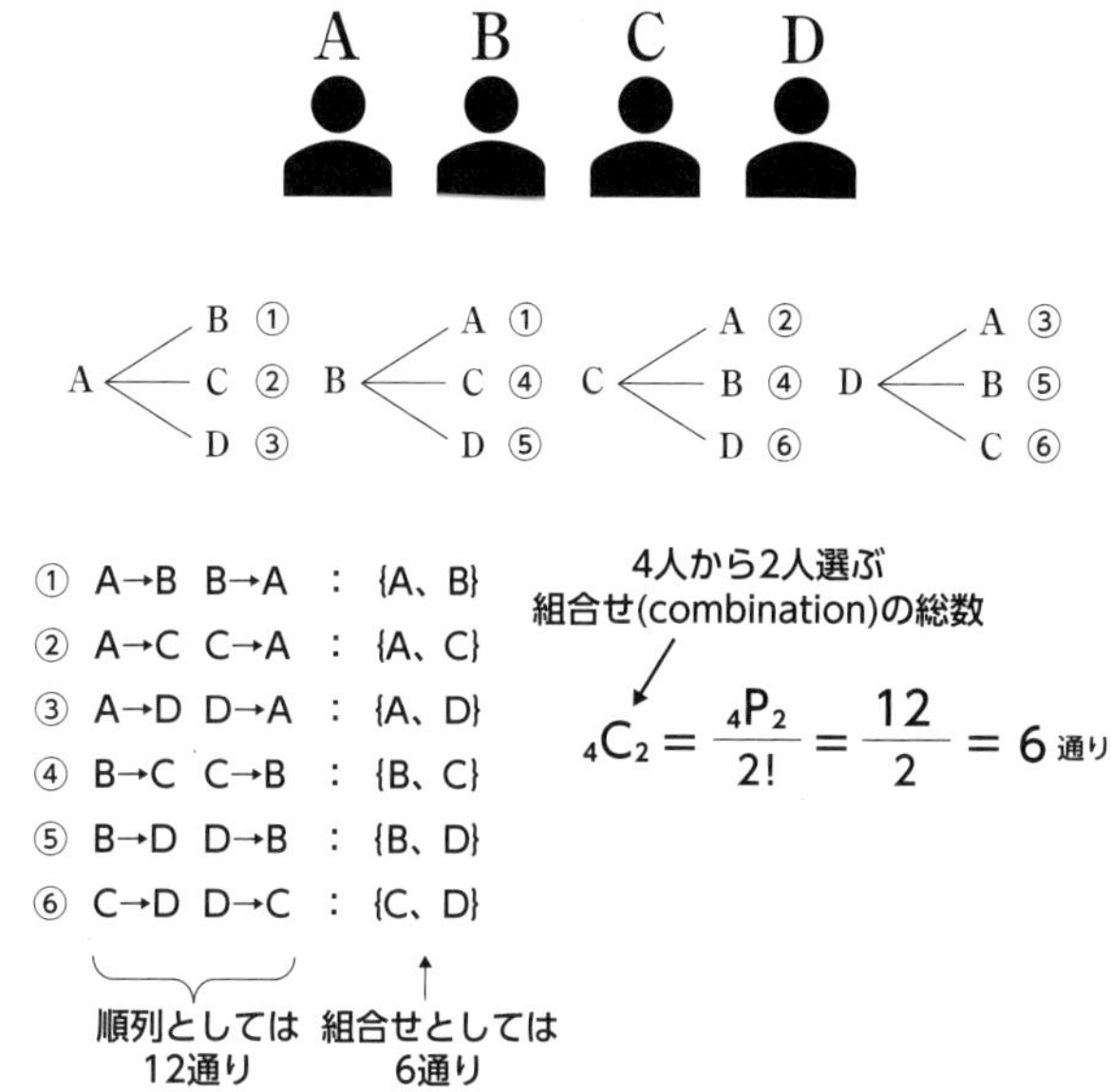

図 1-2

る順列の総数は12通りでしたね。しかし、順序を無視して組合せとして考えると、A→BとB→Aのように、順列では異なるものとして数えていたものが組合せとしては同じになります。結局、4人から2人を選ぶ組合せの総数は6通りです。

一般に、異なる4人(個)から2人(個)選ぶ組合せの総数は記号では${}_4C_2$と表します。Cは組合せを表す英語のcombinationの頭文字です。

確率のイロハ

私は常々「確率」ほど人々の生活に根ざした数学用語は他にはないと思っています。

例1：「明日の降水確率は30％です」

例2：「今度の契約が取れる確率は50％くらいだな……」

例3：「帰りが遅くなると奥さんに口をきいてもらえなくなる確率が上がっちゃうよ」

しかし（だからこそ、なのかもしれませんが）確率は非常に誤解や誤用を生みやすい概念でもあります。そもそも**確率は原則として、何回も繰り返すことができて、1回1回の結果は偶然に左右されるけれども、全体としては数学的な法則が見て取れる現象**についてのみ、考えます。

この意味において、例2と例3の「確率」の使い方は正しくありません。

ふつう、同じ会社との契約を「何回も繰り返す」ことはないでしょう。また、「帰りが遅くなると奥さんに口をきいてもらえない」というのはそこに因果関係が認められます（結果が偶然に左右されるとは言えません）から、やはり確率を語るのは適切とは言えないわけです。

よく雑誌の占い等で「今月、理想の彼に出会える確率は○％！」なんて記述がありますが、あれも厳密には正しくありません。理想の彼に出会うのはふつう１回限りだからです。

確率の定義

コインを投げるとき、表が出るか裏が出るかを前もって確実に知ることはできません。しかし（特別な仕掛けがない限り）、表が出ることも裏が出ることも同程度に期待できることはわかります。このことを「１枚のコインを投げたときに表が出る確率は$\frac{1}{2}$（50％）」のように言います。

確率とは、**ある事柄が起きることが期待される程度を表す数値**です。ふつう、絶対に起こり得ない場合の確率は０（０％）、必ず起こる場合の確率は１（１００％）とします。

確率には大きく分けて、**数学的（先験的）確率**と呼ばれるものと、**統計的（経験的）確率**と呼ばれるものがあります。

数学的（先験的）確率というのは、実際の経験や実験結果をもとにするのではなく、机上の計算によって「期待される程度」を数値化したものです。

一方、統計的（経験的）確率とは、実際に十分なサンプルの数のデータを取り、その中の特定のケースの割合を調べることで求められる確率のことを言います。

先ほど、1枚のコインを投げたときに表が出る確率を$\frac{1}{2}$としたのは、実験をしたわけではなく、計算によって出したので（と言うほどのものでもありませんが）数学的確率です。

これに対し、たとえばコインを実際に100回投げてみて、表になることが53回あったとすると「1枚のコインを投げたときに表が出る確率は$\frac{53}{100}$です」と言うこともできます。この場合の「$\frac{53}{100}$」は統計的確率です。

数学的確率を求めることが難しいケースも扱う応用統計等では、統計的確率は大変有意義ですが、単に「確率」と言うときは、数学的確率を指すことが多いです。

ちなみに**実験回数が多くなればなるほど（サンプルの数が限りなく大きくなると）統計的確率の値は、数学的確率に限りなく近づく**ことがわかっています。これを**大数《たいすう》の法則**と言い、スイスの数学者ヤコブ・ベルヌーイ（1654-1705）によって発見されました。

ベルヌーイは次のようにも言っています。

「すべての出来事の観測が永久に続く（したがって最終的な確率が完全なものへ近づいていく）としたら、世界中のすべてのことが一定の比率で起こると感じられることだろう。最も偶

Aという事象※が起きる確率

$$\text{Aが起きる確率} = \frac{\text{Aが起きる場合の数}}{\text{起こり得るすべての場合の数}}$$

（※事象：同様の実験や観測などを繰り返し行なった結果起こること）

例）1個のサイコロを投げて偶数の目が出る確率

$$\frac{\text{偶数の目が出る場合の数}}{\text{出る目の場合の数}} = \frac{3}{6} = \frac{1}{2}$$

図 1-3

発的な出来事でさえ当然の結果であると認識することになるであろう」

「同様に確からしい」ことを確かめる

ここに2枚のコインがあります。これらを投げて2枚とも表である確率を求めてみましょう。

2枚のコインの表・裏の出方は（表・表）、（表・裏）、（裏・表）、（裏・裏）の4通りがあります。よって（表・表）である確率は$\frac{1}{4}$です。

この問題の典型的な誤答も紹介しておきます。

「コインの表と裏の出方は（表・表）、（表・裏）、（裏・裏）の3通り。よって（表・表）になる確率は$\frac{1}{3}$」

この考え方はどこが間違っているのでしょうか？

（数学的）確率は、**起こり得るすべての場合の数に対する特定のケースの場合の数の割合**を計算して求めます（図1-3）。

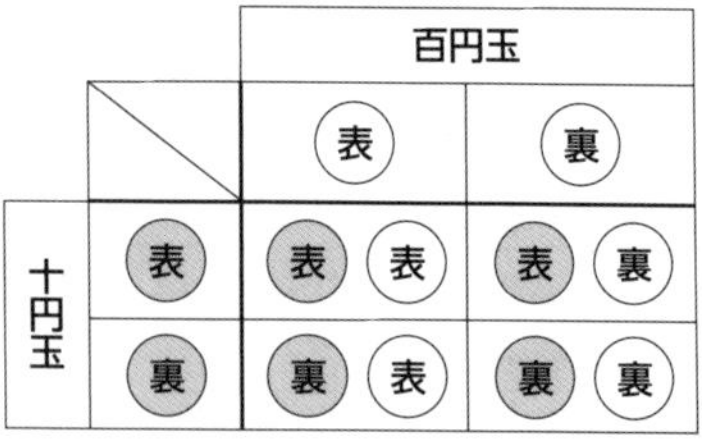

$$\text{2枚とも表の確率} = \frac{\text{2枚とも表の場合の数}}{\text{2枚のコインの表裏の場合の数}} = \frac{1}{4}$$

図 1-4

しかし、この計算をするときには大前提があります。それは、場合の数を数えるときに**同様に確からしいものの数を数える**ことです。「同様に確からしい」というのは、起こる場合の1つひとつについて、その**どれが起こることも同じ程度に期待できる**という意味です。

たとえば、ジャンボ宝くじには1等〜7等、1等の前後賞、1等の組違い賞の計9種類の「当たりくじ」とそれ以外の「外れくじ」があります。くじの種類としては全部で10種類です。でも、だからと言って、「1等が当たる確率は$\frac{1}{10}$」と考えるのは明らかにおかしいですね。言うまでもなく、10種類のくじの出やすさはそれぞれ同じ程度に期待できるわけではない（同様に確からしくない）ので、「$\frac{1}{10}$」は「1等が当たることが期待される程度」を表す数値とは言えません。

また、天気には概《おおむ》ね〈晴れ・曇り・雨・雪〉の4種類がありますが、毎日「明日、雪になる確率は1/4だ」と考えるのも同様の理由から誤りです。

ジャンボ宝くじの場合、1等は2000万枚の中に1枚含まれています。今、目の前に1等を含む2000万枚の宝くじがあるとして、その中から1枚選んで引くことをイメージしてください。当然、2000万通りの選び方があるわけですが、どの1枚を引くことも「同じ程度に期待」できます。2000万通りの引き方はどれも同様に確からしいので、1等が当たる確率を2000万分の1と考えるのは妥当です。

2枚のコインの話に戻しましょう。

2枚のコインが十円玉と百円玉の場合を考えてみればわかるように、2枚のコインのうち一方が表で他方が裏であるケースには、十円玉が表で百円玉が裏になるケースと十円玉が裏で百円玉が表になるケースがあります。すなわち、(十円玉が表・百円玉が裏)と(十円玉が裏・百円玉が表)をまとめて(表・裏)として1通りに考えてしまうと、この(表・裏)は(表・表)や(裏・裏)と**同様に確からしくなくなるため、誤り**なのです(**図1-4**)。

	O型	A型	B型	AB型	備考
日本	30%	40%	20%	10%	
ペルー	71%	19%	8%	2%	O型の割合世界1位
フランス	43%	45%	9%	3%	A型の割合世界1位
インド	29%	21%	40%	9%	B型の割合世界1位
韓国	28%	34%	27%	11%	AB型の割合世界1位
世界	40%	29%	24%	7%	

出典：Blood type distribution by country(Wikipedia)より著者作成
各血液型の割合1位は人口3000万人以上の国が対象

図 1-5

条件付き確率

突然ですが、図1－5は血液型別の人口の割合を表しています。日本とそれぞれの血液型の割合が多い国の1位、および世界平均を比較してみました。国によってかなり違いがあることがわかりますね。

日本では、O型の人は全体の30％ですが、たとえばペルーではO型の人の割合は71％にもなります（余談ですが、南米の国は総じてO型の人の割合が高く、とくに純血のブラジル人は100％O型だそうです）。

つまり、「日本国内で」という条件のもとでは無作為に選んだ人がO型である確率は30％ですが、「ペルー国内で」という条件のもとでは、無作為に選んだ人がO型である確率は71%になります。

このように、ある条件のもとで求めた確率のことを**条件付き確率**と言います。

条件付き確率は、確率の中でも難しいため、昔の高校のカリキュラム（2012年以前に実施されていた指導要領）では、確率の基本は高校1年生で学ぶものの、条件付き確率については、理系の高校3年生だけが学ぶ単元になっていました。

実際、条件付き確率は、人間の直感を裏切るものが少なくありません。ここではその一例をご紹介しましょう。

99%確かな検査で1万人に1人の不治の病と言われたら……

もし、あなたが健康診断をした結果、**99%確かな検査で「1万人に1人の不治の病である」**と診断されたら、どう思うでしょうか？　なんだか絶望的な気分になるのではないでしょうか？　でも安心してください。条件付き確率を使えば、あなたが本当に不治の病である確率は、1%もないことがわかります。

詳しく見ていきましょう（図1-6）。

簡単のために被験者の数は100万人ということにします。この中に、本当に「1万人

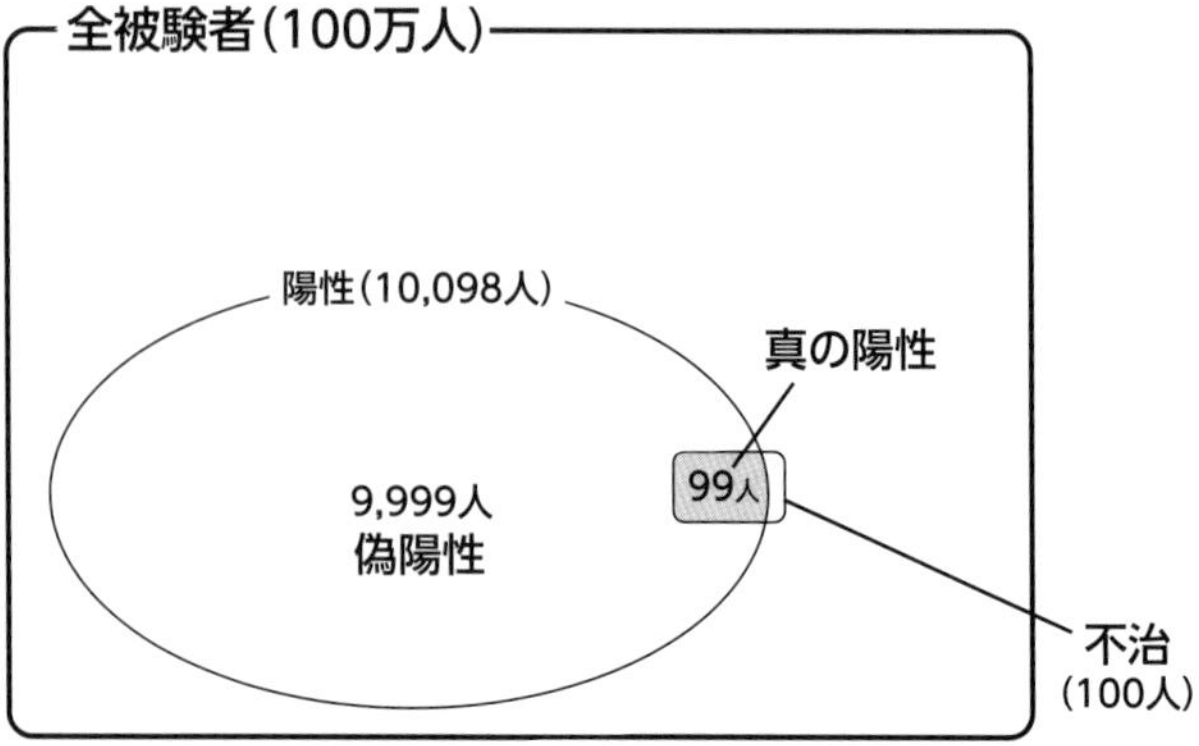

不治の病の人 $= 1{,}000{,}000 \times \frac{1}{10{,}000} = 100$ [人]

不治の病ではない人 $= 1{,}000{,}000 \times \frac{9999}{10{,}000} = 999{,}900$ [人]

不治の病でかつ検査陽性（真の陽性）の人 $= 100 \times \frac{99}{100} = 99$ [人]

不治の病ではなくかつ検査陽性（偽陽性）の人 $= 999{,}900 \times \frac{1}{100} = 9{,}999$ [人]

陽性（真の陽性・偽陽性）の人 $= 99 + 9999 = 10{,}098$ [人]

検査に陽性であるという条件のもとに真の陽性である確率 $= \frac{99}{10098} = \mathbf{0.00980\cdots}$

図 1-6

に１人の不治の病」である人は１００人います。検査は99％の確率で的中するので、このうちの99人は検査で「陽性」になります。ここまでは、当然の成り行きですね。

　問題は、不治の病ではない99万９９００人の中の１％の人も誤って陽性になってしまうという点です。つまり、９９９９人もの人がいわゆる「偽陽性」になってしまいます。99％も的中する検査であったとしても、不治の病である人の割合が極端に低いため（逆に言えば、不治の病ではない人の割合が極端に高いため）、不治の病ではない人の中の「1％」（検査結果が誤り：偽陽性）に相当する人が多くなってしまうのです。

結局100万人の中には、正しく陽性である人と偽陽性である人とを合わせて計1万98人の「陽性」の人がいますが、この中に本当に陽性である人は99人しかいません。結局「検査に陽性である」という条件のもとで、本当に不治の病であるという条件付き確率はわずか0・98…％です。

PCR検査と偽陽性

以上の話から、2020年の初めから世界中を苦しめている新型コロナのPCR検査を連想された方は多いのではないでしょうか？

まだワクチンが世に出る前、国内のメディア等で「もっとPCR検査の数を増やすべきだ」という議論をよく耳にしました。しかし、国民全体の感染率が低い状況では、無闇《むやみ》に検査対象を広げることは、右の例と同じように偽陽性になる確率が高くなり、デメリットも少なくありません。

偽陽性の人は実際には感染していないので、隔離されたり治療を受けたりする必要はないのですが、検査で陽性になってしまった以上、何もせずに放っておくことはできないでしょう。そうしたことは経済的にもまた医療のリソースを無駄にしないためにも避けるべきです。

一般に、無作為に検査を行なった場合、感染率（数学では事前確率という）が低ければ低いほど、偽陽性になる確率は高くなります。逆に言えば、感染率が高いことが予想されるクラスターなどの集団では、偽陽性になる確率は低いです。医師が必要と判断（事前確率が高いと予想）した場合には速《すみ》やかに検査を受けられる体制を整えることはもちろん有意義です。

このように「条件付き確率」は、しばしば人間の直感を裏切る結果を導きますが、それだけに、問題解決における数学の存在感を示してくれることも多いです。

代表値

さあ、ここからは記述統計の具体的なお話をしていきます。

前述の通り、記述統計というのは、データ全体の性質を把握する手法のことです。その手法には大きく分けて、表やグラフに整理して全体を概観する方法と1つの数値で表す方法とがあります。

表やグラフにまとめれば、データの分布（散らばり具合）は一目瞭然ではありますが、これらはビジュアル的に見せる必要があるため、たとえば、会話の中で言葉だけで伝えるには不向きです。

そこでもっと簡単にデータ全体の特徴の1つの数値で表すことがあります。それが**代表値**です。よく用いられる代表値には、**平均値**、**中央値**、**最頻値**の3つがあります。

平均値

平均値は単に「平均」と言うこともあります。平均値と平均は同じ意味だと思っていただいて構いません。さて図1-7のように平均にはいくつか種類があることをご存知でしょうか？

小学校のときからおなじみの「合計÷個数（人数）」で求められる平均のことは**相加《そうか》平均**あるいは**算術平均**と言います。

相加平均（算術平均）は、平らに均《なら》すという言葉のニュアンスにはしっくりくるのです

【相加平均（算術平均）】

$$\frac{x_1 \quad x_2 \quad x_3 \quad \cdots\cdots \quad x_n}{n} \Rightarrow \text{aとbの相加平均} = \frac{a \quad b}{2}$$

【相乗平均（幾何平均）】

$$\sqrt[n]{x_1 x_2 x_3 \cdots\cdots x_n} \Rightarrow \text{aとbの相乗平均} = \sqrt{ab}$$

【調和平均】

$$\frac{n}{\frac{1}{x_1} \quad \frac{1}{x_2} \quad \frac{1}{x_3} \quad \cdots\cdots \quad \frac{1}{x_n}} \Rightarrow \text{aとbの調和平均} = \frac{2}{\frac{1}{a} \quad \frac{1}{b}} = \frac{2ab}{a \quad b}$$

図 1-7

が、次のようなケースには良い平均とは言えません。

ある会社の業績が1年目100億円→2年目90億円→3年目144億円と変化したとします。

2年目は1年目の0・9倍、3年目は2年目の1・6倍になったわけです。このとき、0・9と1・6の相加平均が1・25だからといって、この会社の人間が「当社は平均すると毎年1・25倍ずつ成長しています！」とアピールしてしまったら、まわりの納得は得られないでしょう。なぜなら、もし1・25倍ずつ変化したのなら、1年目100億円→2年目125億円→3年目156・25億円となるはずだからです（実際の3年目の業績は144億円なので、サバを読んでいると思われてしまいます)。

こんなときに使うのが**幾何平均**あるいは**相乗平均**と呼ばれる平均です。実際、０・９と１・６の相乗平均$\sqrt{0.9\times1.6}=\sqrt{1.44}=1.2$を使って「当社は平均すると毎年１・２倍ずつ成長しています」と言えば、１年目１００億円→２年目１２０億円→３年目１４４億円となり、３年目の業績が実際の業績とぴったり同じになります。

また、たとえば12㎞の道のりを、行きは時速３㎞、帰りは時速６㎞で移動したときの「平均の速度」も、時速３㎞と時速６㎞の相加平均である時速４・５㎞ではありません。確かめてみましょう。12㎞の道のりを時速３㎞で移動すれば４時間かかり、時速６㎞で移動すれば２時間かかります。つまり往復では24㎞を移動するのに６時間かかるので、平均の速度は時速４㎞とすべきです。３と６から４を算出する平均を**調和平均**と言います。

$$\frac{2}{\frac{1}{3}+\frac{1}{6}}=4$$

このように、平均にはいくつか種類があり、ケース・バイ・ケースでふさわしい平均を用いる必要がありますので注意しましょう。

中央値

高校1年生のA君は、お父さんから「今度の数学のテストでクラスの上位半分に入る成績を取らないとゲームを没収する」と言われています。ゲームが大好きなA君は、いつもより真剣に勉強し、テストに臨《のぞ》みました。その結果、クラスの平均点は60点で、A君の点数は65点でした。さて、平均点を上回ったA君は安心していいでしょうか？

お気づきの通り、A君は安心することができませんね。なぜなら、**平均というのはごく一部のきわめて大きな値や、きわめて小さな値の影響を受けてしまう**からです。もしA君のクラスに際立《きわだ》って点数の低い生徒が数人いたら、その人たちが平均点を押し下げてしまうので、たとえ平均点を超えていたとしても、クラスの真ん中よりも下位である可能性があります。反対に、他よりも際立って成績の良いクラスメートが数人いた場合は、その人たちが全体の平均点を押し上げてしまうので、平均点を下回っていても、真ん中よりも上位かもしれません。

一部の極端に大きな値が全体の平均を押し上げてしまう例としてよく取り上げられるのは、貯蓄《ちょちく》残高や年収です。

総務省が行なっている「家計調査」によると、２０２０年の２人以上の世帯における平

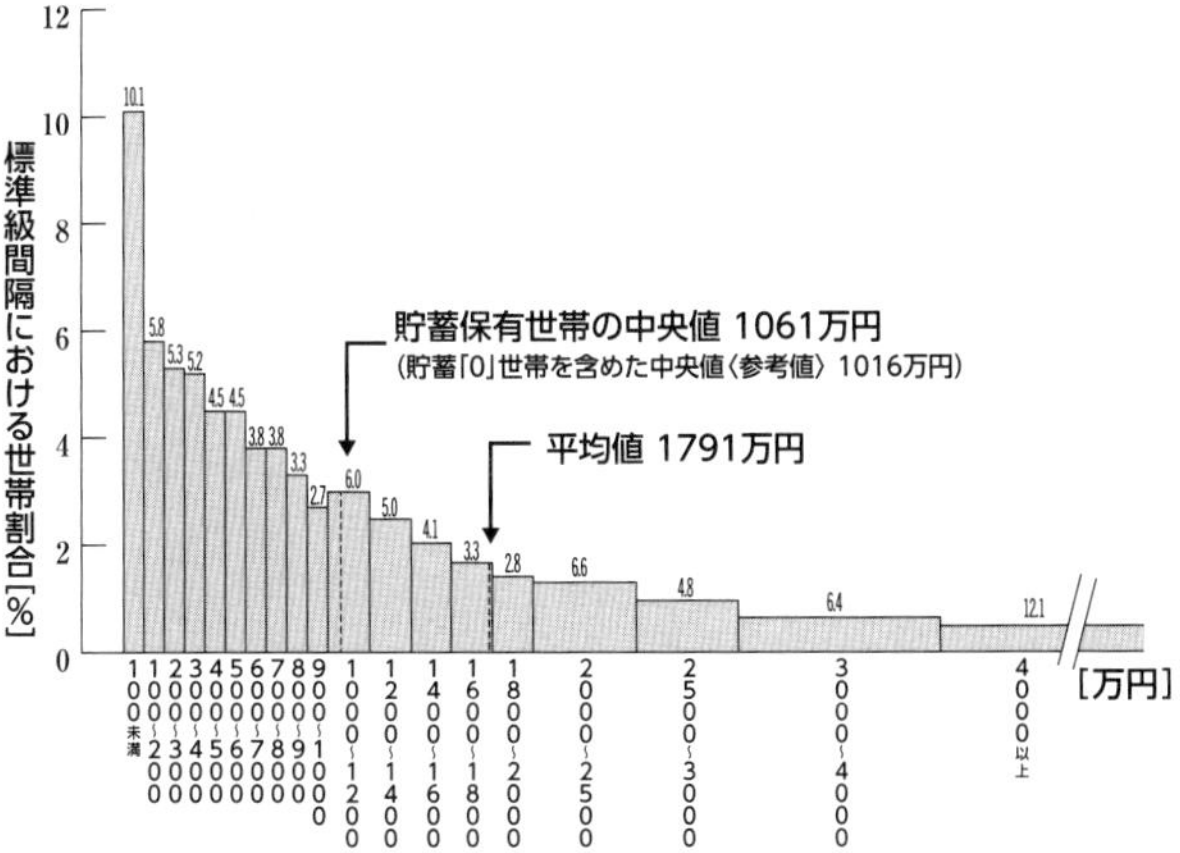

出典：総務省統計局「家計調査報告(貯蓄・負債編) 2020年平均結果 貯蓄の状況」

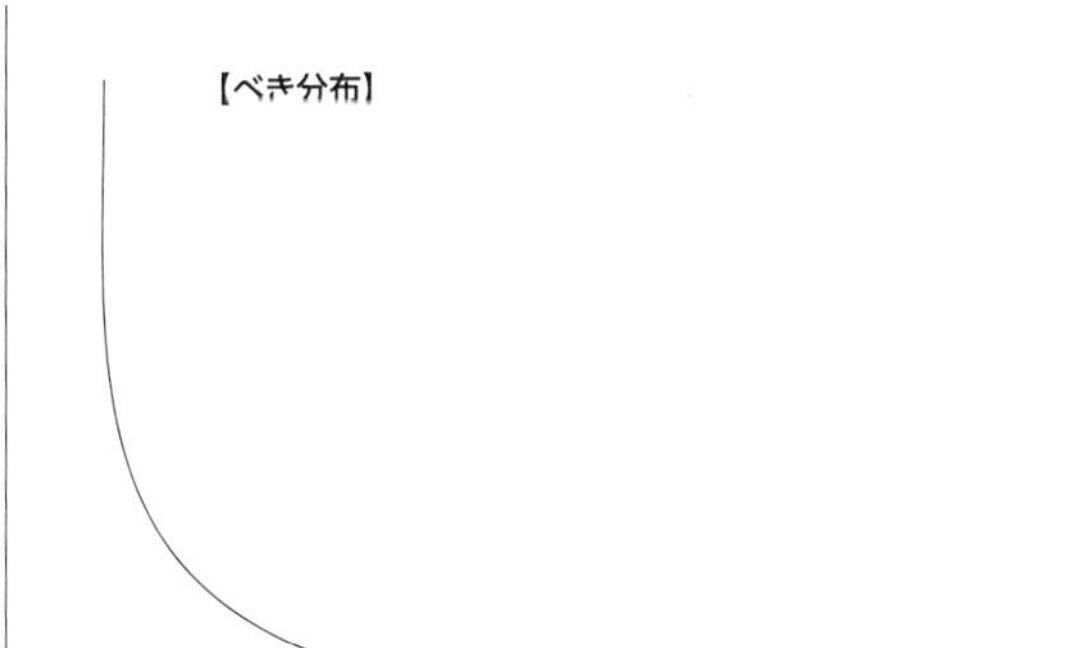

図 1-8

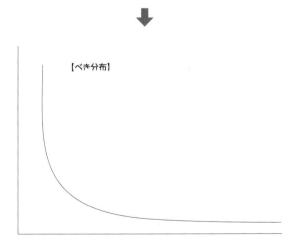

均の貯蓄残高は1791万円でした。これが平均だと聞くと多くの方は「え！ そんなに多いの？」と思われるのではないでしょうか？ 貯蓄残高の平均が実感よりも大きな数字になっているのは、一握りの超富裕層世帯が全体の平均を押し上げているからです。実際、貯蓄残高が平均を下回る世帯の割合は67・2％に上り、全体の2/3を超えています。

図1-8の上の棒グラフは、同調査における貯蓄金額別の世帯の割合を示したものです。これを見ると、確かに平均を下回る世帯が多いことがよくわかります。

グラフがこのような片方に偏《かたよ》った形になる分布のことを「**べき分布**」と言います。「べき分布」は、19世紀の末に、イタリアの経済学者ヴィルフレド・パレートという人が収入の分布を研究していて発見しました。パレートは、社会の富の80％は、国民のわずか20％の高額所得者に集中するという、いわゆる「80：20の法則」を発見したことでも知られています。

じつは、「べき分布」になるデータは社会の中で珍しくありません。年間の書籍の売上やブログの記事ごとの閲覧数なども大抵「べき分布」になります。10万部以上を売り上げるような書籍は全体のごく一部ですし、多くのブログでは、いくつかの記事に人気が集中するからです。

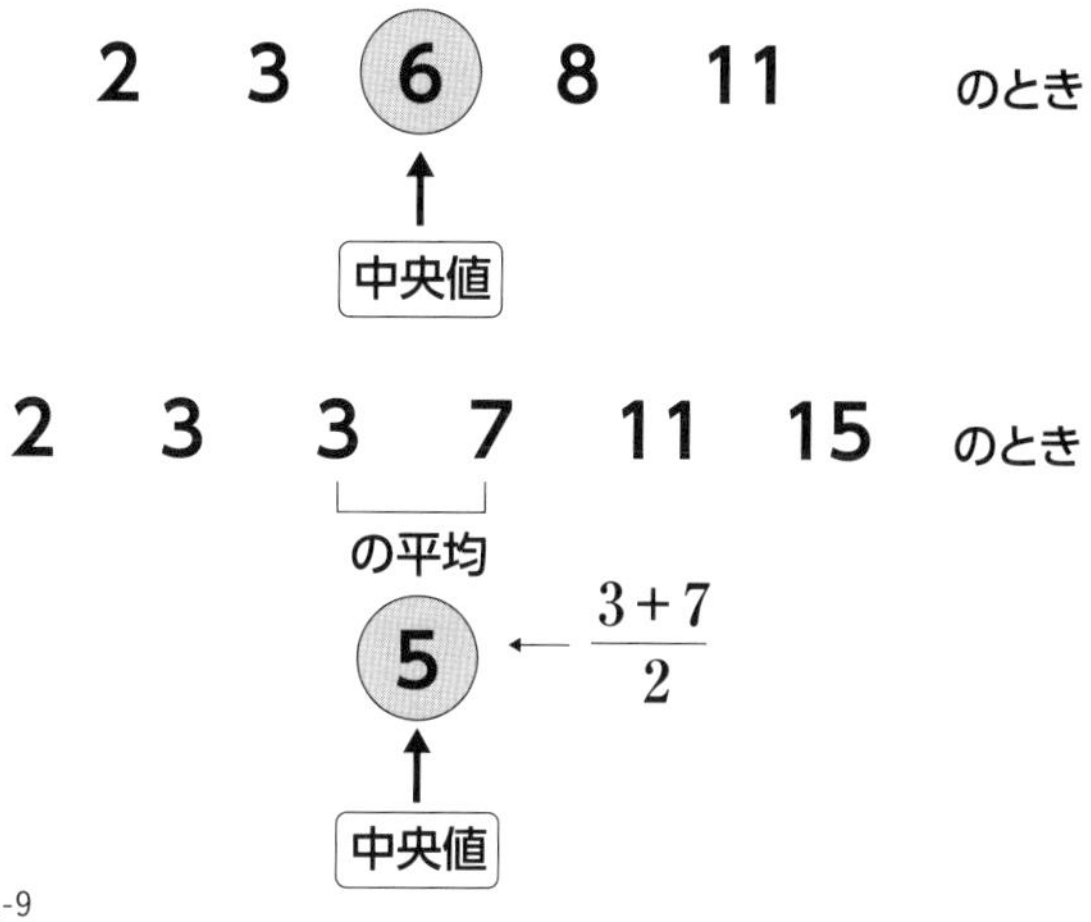

図 1-9

このべき分布のように、偏った分布になるデータでは、平均よりも**中央値**のほうが、「標準」を知るには適しています（図1-9）。

たとえば、先の「家計調査」においては世帯あたりの貯蓄額の（貯蓄0円の世帯も含む）中央値は1016万円です。先の平均よりも、この値のほうが「標準的な家庭の貯蓄額」として妥当でしょう。もちろん中央値も極端な値の影響をまったく受けないわけではありません。でも、中央値は文字通り、データに含まれる値を小さい順に並べたときの中央の値なので、極端な値があったとしても、それがたくさんあるデータの1つであることに変わりはなく、影響はそう大きくないのです。

中央値はデータに含まれる値の個数が奇数の

《度数分布表》

高校生男子の身長	
階級（cm）	度数
156以上 ～160未満	6
160 ～164	12
164 ～168	16
168 ～172	34
172 ～176	20
176 ～180	10
180 ～184	2
合計	100

←最頻値は「170」

度数が最も多い階級の中央値を最頻値とする。

図 1-10

ときと偶数のときとで求め方が異なります。データの個数が奇数のときは、小さい順に並べたときにちょうど真ん中に来る値そのものが中央値ですが、データの個数が偶数のときは下位半分の一番大きな値と上位半分の一番小さな値の平均が中央値になります。

最頻値

データにおいて最も個数の多い値のことは**最《さい》頻《ひん》値《ち》**と言います。

たとえば、あなたが靴《くつ》屋を営んでいるとしましょう。仕入れの際にサイズごとの注文数を決める必要があります。そんなとき、過去のデータがあるのなら、いの一番に注目するのは「どのサイズが一番売れているんだろう？」ということではないでしょうか。つまり、売れたサイズの中で最も登場する回数の多い値である最頻値が重要なわけです。

ただし最頻値は、度数分布表（図1-10）と呼ばれる表を作り、その中で最も度数の多い階級の階級値（階級の中央値）で表すことも多いです。身長とか時間とか貯蓄額のような値が集まったデータの場合、個別の値で「最頻値」を考えることはあまり意味がないからです。

分散と標準偏差

前項で3つの代表値を紹介しましたが、これらは単純である半面、データがどのように分布しているかについては多くを教えてくれません。

たとえばあるグループの50m走の平均タイムが8・0秒であるときに、あなたが5・0秒というタイムをたたき出したら、周囲の人はかなり驚くでしょう。平均との差はわずか3秒ではありますが、50m走のタイムが平均より3秒も短いことの珍しさは多くの人の知るところだからです（ちなみに50m走の世界記録はウサイン・ボルト選手の5・47秒です）。実際、中学生以上の50m走のデータでは、ほとんどの数値は平均の±2秒の範囲に入ります。

一方、あるテスト（満点：100点）の平均が50点のとき、あなたの得点が80点だとしましょう。平均よりも30点も高いのはもちろん素晴らしいことですが、それがめったに無いほど良い点数なのかそうでもないかは、平均や中央値、最頻値などからは窺い知ることはできません。

平均+30点の「価値」を判断するには、他のみんなの得点が平均点のまわりにどのように散らばっているかを知る必要があります。もし、クラスのほとんどの人の得点が平均の±20点の範囲に入っているのなら、平均より+30点であるあなたの点数は「べらぼうに良い点数」です。でも、クラスのほとんどの人の得点が平均の±40点の範囲に散らばっているのなら、平均より+30点であったとしても、あなたの点数はやや平凡という印象を持たれてしまうでしょう。

そこで、あるデータに含まれる数値が**平均のまわりにどれくらい散らばっているかを示す数値**が考え出されました。それが**分散と標準偏差**です。

分散

平均のまわりの散らばり具合を知りたいんだったら、「平均との差」の平均を調べればよいのではないか？　と直感的に思う方は多いのではないのでしょうか？

ここに、平均点は同じで、散らばり具合が大きく違う2クラスのデータがあります。

A組：30　40　50　60　70（点）
B組：48　49　50　51　52（点）

どちらも平均点は50点です。

さっそく「平均との差」を計算して合計してみます。

詳しい計算の結果は図1-11の通りですが、「平均との差」の合計を計算すると、A組もB組も0《ゼロ》（点）になってしまいます。ということは、合計を人数で割った「平均との差」の平均も、両組とも0（点）です。じつはこれは偶然ではありません。どんなデータでも「平均との差」の平均は0になります。ちゃんとした証明は、数式を使って示す必要があるのでここでは割愛《かつあい》しますが、イメージだけお伝えしておきましょう。

《A組》

						合計		平均	
得点	30	40	50	60	70	250	⇒	50	(点)
平均との差	-20	-10	0	10	20	0	⇒	0	(点)
(平均との差)^2	400	100	0	100	400	1000	⇒	200	(点^2)

↑ 分散（200）

《B組》

						合計		平均	
得点	48	49	50	51	52	250	⇒	50	(点)
平均との差	-2	-1	0	1	2	0	⇒	0	(点)
(平均との差)^2	4	1	0	1	4	10	⇒	2	(点^2)

↑ 分散（2）

図 1-11

平均とはそもそも、いくつかの数値の凸凹《でこぼこ》を平らに均したものです。

「平均との差」の平均とは、いわば、凸凹を平らに均したあとの地面の高さを0とし、次に地面を掘り起こしてもとの凸凹に戻したあと、ふたたび平らに均したときの高さのようなものです。

私の家のすぐ近くには公園があってその中には砂場があります。今朝、その砂場を見に行ったら、昨日近所の子供たちが遊んだままになっていて、大小の山といくつかの穴がありました。私は家からスコップを持ってきて、山になっている部分の砂を穴に入れ、全体を平らに均しました。そうすると砂場全体の標高（海水面を基準とした高さ）は、最初の凸凹だった砂場の平均の標高になります。

次に、平らに均された砂場に立つ私の足元の砂の高さに印《しるし》をつけてから、砂場を元の山や穴がある凸凹の状態に戻します（面倒ですが……）。そして、先ほどの印を0として砂場の山の高さ（＋《プラス》の値）や穴の深さ（－《マイナス》の値）を測れば、それは「平均の標高」からの差です。さて、このあとふたたび全体を平らに均したらどうなるでしょうか？

印からの砂の高さは「平均からの差」の平均になりますね。しかし、最初に全体を均したときも、2回目に全体を均したときも、砂場の砂の高さは同じ高さになるでしょうから、2回目に全体を均したときの砂の位置は、1回目に均したあとに付けた印と同じ位置のはずです。すなわち印からの高さは0になります。これが「平均からの差」の平均が必ず0《ゼロ》になるカラクリです。

そんなわけで、「平均からの差」の平均を計算してみても、散らばり具合を知ることはできません。そこで**「平均からの差」の2乗**を合計してから人数で割ってみたらどうか、というアイディアが出ました。2乗すれば－《マイナス》の値も＋《プラス》になるので、＋《プラス》の値と－《マイナス》の値が互いに相殺《そうさい》してしまうことを避けられます。

では、先ほどのA組とB組のデータで「平均からの差」の2乗の平均を比べてみましょう。図1-11の表にあるように、A組では「200」、B組では「2」となってちゃんと違いが出ます。そこで、この**「平均からの差」の2乗の平均**を**分散**と名付け、平均のまわりの散らばり具合を調べる指標として使うようになりました。

標準偏差

分散を計算してみればデータの散らばり具合を知ることはできるのですが、分散には2つの欠点があります。それは「値が大きすぎる」ことと「単位が奇妙」ということです。

さきほどのA組とB組の生データを見てください。平均が50点であるのに対してA組の得点は30点~70点です。平均の±20点の範囲にすべての得点が含まれているのに、分散は200という値でした。なんだか大きすぎる気がしませんか? B組のほうにしても、最大値は平均の+2点、最小値は平均の-2点になっています。そのデータの散らばりの指標が「2」というのは(平均から最も離れている数値を指標にするという点で)やはり大きすぎる印象です。

	分散		標準偏差
A組	200（点²）	⇒	$\sqrt{200}$　$10\sqrt{2}$　14.14…（点）
B組	2（点²）	⇒	$\sqrt{2}$　1.414…（点）

図1-12

それから、分散の単位が「点²」というわけのわからない単位になっていることも気になります。

値が大きすぎるのも、単位が奇妙なのも「平均との差」を2乗してしまったからです。そこで、分散の√（正《せい》の平方根）を**標準偏差**と名付け、これも平均のまわりの散らばり具合を調べる指標として使うことになりました。

A組とB組の標準偏差は図1-12の通りです。A組はおよそ「14・1」、B組はおよそ「1・4」ですから、生データの散らばり具合を表す値としても納得できます。また単位も「点」でおかしくありません。

分散の欠点が標準偏差を使えば解消されるなら、もう分散なんか使わずに標準偏差だけを使えばいいじゃないか、と思われるかもしれませんが、標準偏差のほうは√が出てきて、およその値がすぐにはわかりづらいという側面もあります。

同じ種類のデータで、単純にどちらのほうが散らばっているのかがわかれば十分なら、分散を、散らばりの度合いもイメージしたいときは標準偏差を使うという風に使い分ける人が多いように思います。

散布図と相関係数

記述統計の中で一番「お～そうなんだ！」という感動を覚えるトピックスは、**相関関係**ではないかと思います。もちろん、前述の平均や標準偏差などを調べることで、あるデータの性質が明らかになり、それが有益であることは大いにありますが、何かを発見した興奮にまでつながることは少ないように思います。

たとえば「雨の降る日が増えると、交通渋滞の頻度も上がる」や「駅からの距離が長くなると、家賃が低くなる」のように、２つのデータの間に「一方が増えれば、他方も増える」や「一方が増えれば、他方は減る」といった大まかな傾向があることを**相関関係がある**と言い、とくに前者を「正の相関関係がある」、後者を「負《ふ》の相関関係がある」と言います。

雨の日に渋滞しがちだったり、駅から離れると家賃の相場が下がったりすることは、わざわざ計算しなくても当たり前のように感じられると思いますが、色々なデータについて調べてみると、意外な組合せの2つの量の間に相関関係が見つかることは珍しくありません。

データを調べて、意外な情報を引き出すことを「**データマイニング**」と言います。この言葉はすっかり定着した感がありますが、改めて確認しておきましょう。データマイニングを直訳すると「データ（data）から掘り出す（mining）」という意味です。ふつうは「膨大なデータを解析することで、それまでは明らかになっていなかった有益な（かつ意外な）情報を引き出す」といったニュアンスを含んで使われることが多いと思います。

世の中にデータマイニングの事例を最初に紹介したのは、1992年12月23日の「ウォールストリートジャーナル」に掲載された「Supercomputers Manage Holiday Stock」という記事だったと言われています。記事の内容はこうです。

アメリカ中西部の小売ストア・チェーンOsco Drugsは、25店舗のキャッシュレジスターのデータを分析したところ、ある人が午後5時に紙おむつを買ったとすると、次にビールを半ダース買う可能性が大きいことを発見した。

この記事は**「紙おむつと缶ビール」という意外な組合せに相関関係があることがわかった**、ということで大きな話題になり、今でもデータマイニングの有効性を示す例として、しばしば引用されます。ちなみにOsco Drugsでは他に「ジュースとせき止め薬」「化粧品とグリーティングカード」など、30の異なる組合せも検証したそうですが、「紙おむつと缶ビール」ほどの相関は見つからなかったそうです。

もちろん、だからと言って「紙おむつが1パック売れると必ず缶ビールも半ダース売れる」というわけではありません。しかし、この2つの間に相関関係があることから、たとえば、

「子供のいる家庭では、日曜の午後に妻から紙おむつの買い物を頼まれた夫が、ついでに缶ビールも買って帰るのではないか？」

とか、

「小さい子供がいる家庭では（まだ）夫婦仲が良い場合が多く、日用品を買いに来た妻が夫のためにビールも買って帰るというケースが多いのだろう」

などと考察することができます（後者は多少ポジティブな見方ですが……）。

また、紙おむつと缶ビールに正の相関関係があることから、これらを並べて陳列すれば

さらに売上が上がることも期待できそうですね。

相関関係≠因果関係

ときどき相関関係と因果関係を混同している人がいますが、これらは似て非なるものですから要注意です。相関関係があるからと言って必ずしも因果関係があるとは限りません。逆に因果関係があるときは必ず相関関係があります（図1-13）。

これについては「空飛ぶスパゲッティ・モンスター教」というパロディ宗教団体（ふざけた名前ですね）が相関関係と因果関係を混同する誤謬《ごびゅう》を風刺した有名な言葉があります。

「海賊の数が減るにつれて、同時に地球温暖化が大きな問題となってきた。したがって、地球温暖化は海賊の減少が原因だ」

言うまでもなく「海賊の数が減ること」と「地球の温暖化」には何の因果関係もありません。たまたま2つの出来事が同時期に起きただけですね。単なる「偶然の一致」です。

また、

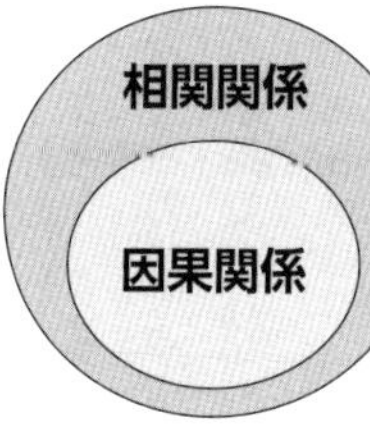

図1-13

「おでんの売上が伸びると、風邪を引く人が増える。だからおでんが風邪の原因だ」と考えることも明らかに間違っています。おでんの売上が伸びるのも、風邪を引く人が増えるのも冬です。よってこれらは**どちらも「冬の寒さ」という第3の原因によって起こる結果**であり、おでんの売上と風邪を引く人の数の間に直接の因果関係があるわけではありません。

一般に、XとYの間に相関関係があるときは、次の5つの可能性があります。

①X（原因）→Y（結果）の関係がある
②Y（原因）→X（結果）の関係がある
③XとYがともに共通の原因Zの結果である
④より複雑な関係がある
⑤偶然の一致

海賊の減少と地球温暖化のケースは⑤、おでんの売上と風邪を引く人のケースは③ですね。

では、どんな場合は因果関係があると言えるのでしょうか？

じつは、因果関係があるかどうかを正確に判断するのはとても大変です。ある事柄Aが結果Bの原因であることを証明するためには、Aが起きなければ、Bも起こらないということを示す必要があります。しかし、私たちが現実に観測できるのは「Aが起きてBが起きた」という事実だけです。

たとえば、野球の試合で応援をしているチームが負けてしまったとき、「8回のチャンスに代打を使っていれば勝てたのに」と言うのは簡単でしょう。でも、本当に代打を使わなかったことが敗戦の原因であるかどうかは、タイムマシーンで時を遡《さかのぼ》り、実際に代打を使ってみないとわかりません。当然そんなことは不可能です。

因果関係を証明することの難しさは「もし〇〇でなかったらどうなっていたか」という「反事実」を観測できない点にあります。これは**「因果推論の根本問題」**と呼ばれています。

大胆に言ってしまえば、統計が今日まで発展してきたのは、この問題に立ち向かうべく、さまざまな事柄の間に因果関係が成立するかどうかを科学的（数学的）に検証するためです。

出席番号	①	②	③	④	⑤
数学[点]	50	60	40	30	70
物理[点]	40	60	50	20	80

図 1-14

話を相関関係に戻しましょう。相関関係を調べる手法は大きく分けて2つあります。1つは散布図という図を書いて図の印象から判断する方法、もう1つは相関係数という値を計算して数値で判断する方法です。

散布図と相関係数

図1-14は、ある5人の数学と物理の点数をまとめたものです。この5人の得点について、数学と物理の点数に相関関係があるかどうかを調べるために、**散布図**を作っていきます。散布図というのは、2つの量の組合せを座標として扱い、座標軸上に書いたものです。ここでは横軸に数学の点数、縦軸に物理の点数を取りましょう（逆でも構いません）。そうすると、たとえば①の人の点数は（50、40）なので、x座標が50、y座標が40の所に点を打ちます。同じことを残りの4人についても行なったものが図1-15です。

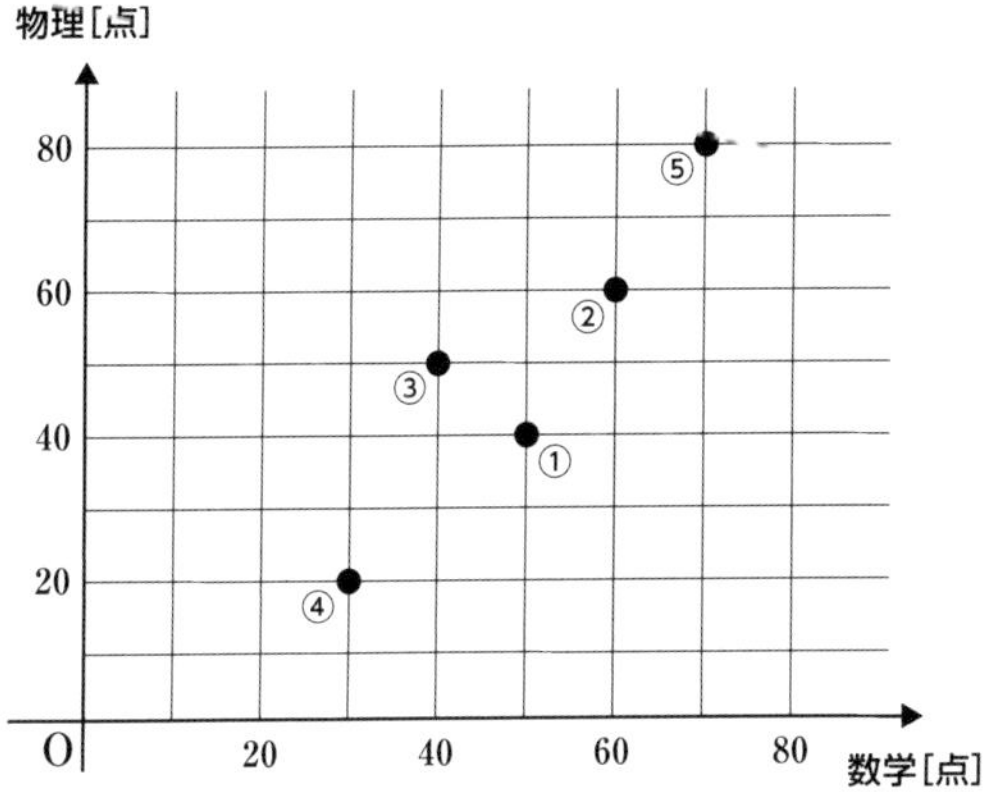

図 1-15

この散布図を見ると、数学の点数が高い人ほど物理の点数が高い傾向があることがわかります。つまり、この5人の成績については、数学の点数と物理の点数の間に**正の相関関係がある**というわけです。

一般に、散布図の点が**右上がりに分布**しているときは、**正の相関関係**があると言えます。一方、散布図の点が**右下がりに分布**しているときは、**負の相関関係**があります。また、分布が直線に近ければ近いほど強い相関関係があることを示します。

散布図によって、2つの量の間に相関関係があるかどうかを大まかにつかむことはできるのですが、その強弱の判断は、感覚に頼らざるを得ません。同じ散布図を見ても、人によっては

【相関係数の定義式】

$$x\text{と}y\text{の相関係数}=\frac{(x\text{の偏差}\times y\text{の偏差})\text{の平均}}{x\text{の標準偏差}\times y\text{の標準偏差}}$$

※「偏差」とは「平均からの差」のこと

【相関係数と散布図の関係】

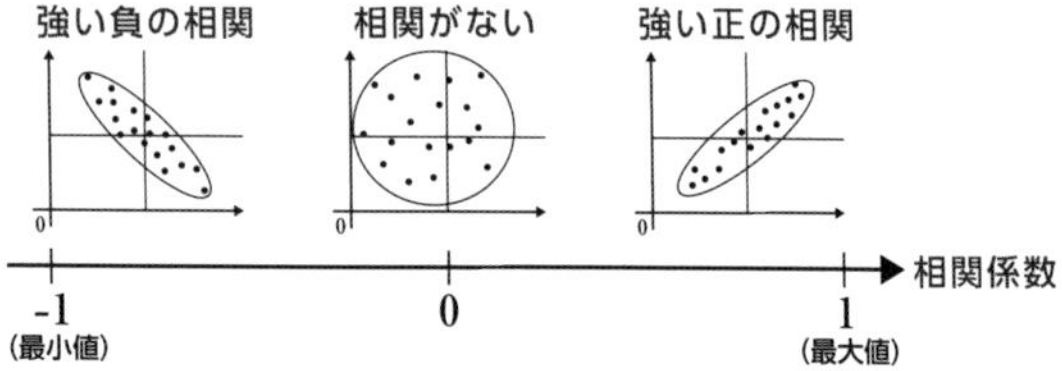

【相関係数と相関の強弱の判断】

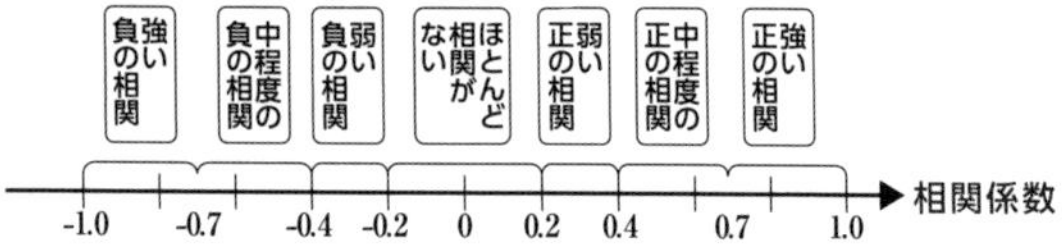

図 1-16

強弱の判断が分かれることは十分にあり得ます。

そこで登場するのが**相関係数**です。

相関係数の数学的な背景は決して易しいものではないのでここでは割愛させていただきますが、相関係数を使って2つのデータの間に相関関係が成立するかどうかを強弱も含めて判断するのは難しくありません。

相関係数は必ず-1以上1以下になることがわかっていて、**「1」に近ければ近いほど強い正の相関関係、「-1」に近けれ**

ば近いほど強い負の相関関係があることを意味します。また、**相関係数が「0」に近いときは相関関係がない**と判断します（**図1-16**）。

日本経済新聞の記事（「2年目のジンクス」の正体・2022年1月30日掲載）によると、プロ野球選手の年度間の成績についての相関係数は、投手の場合、奪三振率は0・7程度であるのに対して勝率は0・2程度だということです。

これは、1年目に多くの奪三振を記録した選手は2年目も多くの三振を奪う傾向にある（強い正の相関がある）が、1年目に多く勝ったからといって、2年目もたくさん勝てるわけではない（ほとんど相関がない）ことを意味します。

このような結果になったのは、奪三振率は実力の要素が大きい（凄い球を投げる投手のボールは年度をまたいでもやはり打つのは難しい）のに対して、勝利投手になれるかどうかは運の要素が大きい（相手チームや自分のチームの調子や試合のめぐり合わせに大きく左右される）からでしょう。裏を返せば、いくら実力があっても毎年高い勝率を残すのは至難の業であり、それができる各チームのエース級のピッチャーは運の要素をものともしない抜きん出た実力の持ち主だということです。

確率分布

ここからは、推測統計にまつわるトピックスをお話ししていきます。
まずは推測統計の屋台骨と言ってもいい**確率分布**についてです。

二項分布

たとえば、あなたが誰かと2人でジャンケンを1回するとき、あなたが勝つ確率は$\frac{1}{3}$ですが、10回連続で勝負したとき、あなたが5回勝つ確率はどれくらいでしょうか？（ただし、あいこも1回と数えます）

何回も繰り返しジャンケンをするときのように、毎回の結果が他の回の影響を受けない試行（同一条件のもと何回も繰り返すことができて、結果が偶然によって決まる事柄）の確率を**反復試行の確率**と言います。反復試行の確率の計算式を使って計算すると、あなたが10回中5回勝つ確率は約14％です。意外に低いと思われたかもしれませんね。では、10回連続でジャンケンをするとき、何回勝つ確率が最も高いのでしょうか？

図1－17のグラフは10回連続のジャンケンで、2人のうちの一方が勝つ回数別の確率を

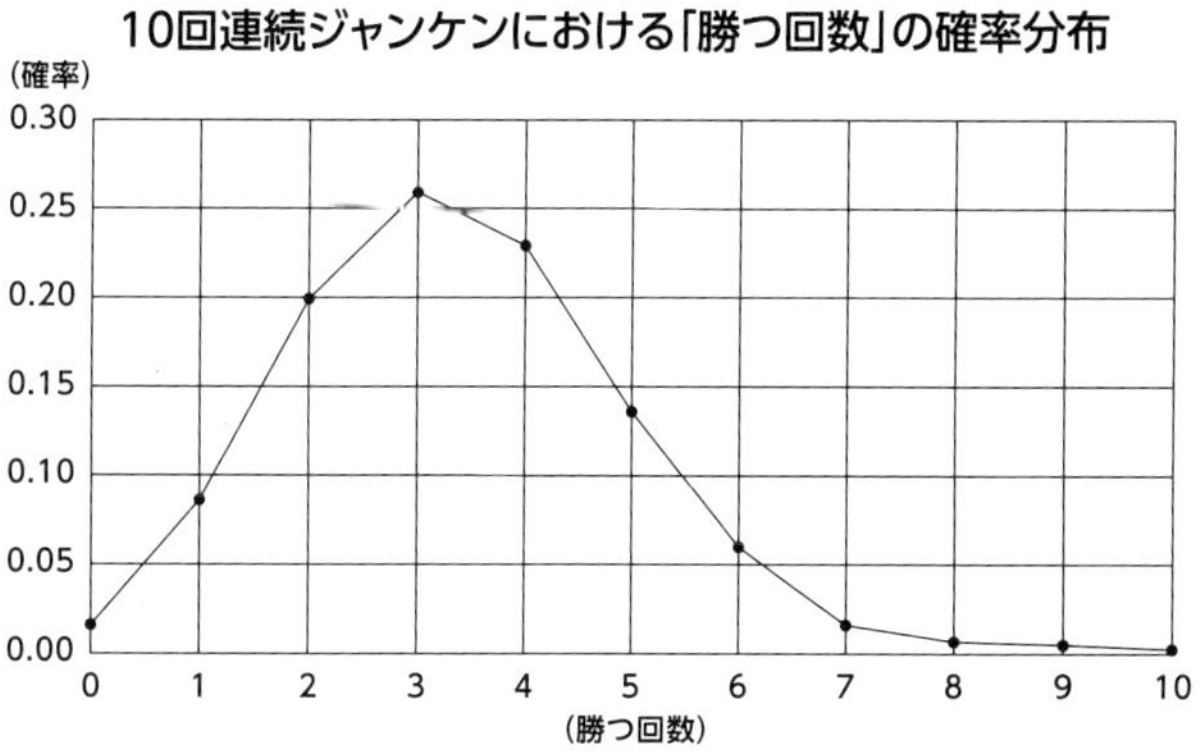

$$10\text{回中}\,r\,\text{回勝つ確率} = \frac{10!}{(10-r)!r!}\left(\frac{1}{3}\right)^{r}\left(1-\frac{1}{3}\right)^{10-r}$$

図 1-17

グラフにまとめたものです。これを見ると、3回勝つ確率が最も高く、約26%であることがわかります。

この「勝つ回数」のように、とり得る値のおのおのに対してその値をとる確率が定まるものを**確率変数**と言い、確率変数の値と確率の対応関係を上のようなグラフ（や表）にまとめたものを**確率分布**と言います。

一般に、「成功か失敗」「勝ちか負け」「表か裏」のように結果が二者択一になり、毎回の結果が他の回の影響を受けない試行を**ベルヌーイ試行**と言います。「ベルヌーイ」というのは人類初の本格的な確率論の書である『推測法』を著《あらわ》したスイスの数学者の名前です（フルネームはヤコブ・ベルヌーイ）。

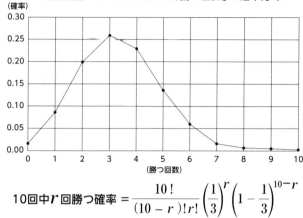

ベルヌーイ試行において一方の事象が起こる確率（**成功確率**と言うことが多いです）が一定であれば、ベルヌーイ試行を繰り返したとき、その事象が起こる回数（成功する回数）は**二項分布**と呼ばれる確率分布になります。先ほどの10回連続のジャンケンにおける「勝つ回数」の確率分布も二項分布です。

ポアソン分布

たとえば、ゴルファーが一生のうちにホールインワンを出す回数も二項分布になります。毎ホールごとにホールインワンになるかどうかは二者択一のベルヌーイ試行だからです。平均的なアマチュアゴルファーの場合、ホールインワンを出す確率は０・００３％程度と言われています。では生涯に６００回コースに出るとして（年間20回を30年）平均的なアマチュアゴルファーがホールインワンを出す回数の確率分布はどのようになるでしょうか？

ベルヌーイ試行はさまざまな場面に顔を出すので確率分布が二項分布になるケースは非常に多いのですが、二項分布には計算が大変面倒であるという欠点があります。

そんなときに活躍するのが**ポアソン分布**です。

二項分布の計算式　　　　　　ポアソン分布の計算式

$$\frac{2400!}{(2400-r)!\,r!}\left(\frac{3}{100000}\right)^{r}\left(1-\frac{3}{100000}\right)^{2400-r} \fallingdotseq e^{-\lambda}\frac{\lambda^{r}}{r!}$$

※ $\lambda = 2400 \times \frac{3}{100000}$ ， $e = 2.7182818\cdots\cdots$

平均的アマチュアゴルファーが生涯に経験するホールインワンの回数の確率分布

回数	0	1	2	3	4	5	6	7	8	9	10
確率（二項分布）	93.0530%	6.7000%	0.2411%	0.0058%	0.0001%	0.0000%	0.0000%	0.0000%	0.0000%	0.0000%	0.0000%
確率（ポアソン分布）	93.0531%	6.6998%	0.2412%	0.0058%	0.0001%	0.0000%	0.0000%	0.0000%	0.0000%	0.0000%	0.0000%

図 1-18

ポアソン分布は、**試行回数が多くてなおかつ起こる確率が極めて小さいベルヌーイ試行において二項分布の近似**として使えます。

ポアソン分布は、フランスの数学者シメオン・ドニ・ポアソンによって考案されました。これが世間に広く知られるようになったのは、ドイツで活躍した統計学者のラディスラウス・ボルトキーヴィッチが「プロイセン陸軍において1年間の間に馬に蹴られて死亡した兵士の数」がポアソン分布にかなり近いことを示したからでした。確かに、馬に蹴られて死亡してしまうことなんてめったになさそうです。こういうときにポアソン分布は使えます。

ポアソン分布の計算式には、円周率πと共に「数学の2大定数」と呼ばれる**自然対数の底**（＝**ネイピア数**）**e**が含まれています。eの出自は微分積分に関係するのでここでは割愛しますが、とにかくeはe=2.71……という定数です。

図1-18の数式と表は、「平均的アマチュアゴルファーが生涯に経験するホールインワンの回数」の確率分布を計算するための計算式とその結果です。二項分布の計算式に比べて、ポアソン分布の計算式は随分とシンプルに感じられると思いますが、その結果はほぼ一致していることがわかります。

なお、どちらの結果も5回以上の確率は0・0000%になっていますが、この表の値は小数第5位を四捨五入しているからです。5回経験する確率は、100万分の1・5%程度、10回経験する確率に至っては、1京《けい》分の1%程度しかありません。

また、計算式の中に登場する「2400」は、生涯に600回ラウンドする場合に経験するパー3のホール（＝ホールインワンの可能性があるホール）の数です。通常1回のラウンドでまわる18ホール中にパー3のコースは4つあることから、600×4＝2400と計算しています。

正規分布

2022年1月に行なわれた第2回共通テストは、例年より難化し、多くの科目が前身のセンター試験を含めて平均点が過去最低になりました。とくに数学ＩＡは平均点がそれまでの最低点（２０１０年の48・９６点）よりさらに10点以上も低くなったことから、ニュースでも大きく取り上げられたのでご記憶の方も多いでしょう。

職業柄、私は毎年センター試験・共通テストの数学の問題を隈《くま》なくチェックします。第２回の共通テストも実際に解いてみました。正直驚きました。情報を整理する力、新機軸の問題への対応力、発想力、計算力など多くの点で、受験生に求めるものが30年続いたセンター試験とは一線を画していたからです。

そもそも共通テストはこれまでのセンター試験が「知識・技能」偏重だった反省を踏まえ、「**思考力・判断力・表現力**」及び「**主体性・多様性・協働性**」も併せた総合的な学力を問うものとして生まれました。その背景にＡＩ技術の発展があることは言うまでもありません。知識や情報を蓄積することは人間の領分ではなくなってきています。共通テストへの刷新は、急激な社会変化の中でも未来を創る人材になるためには、自ら問題を発見し、多様な人々と共にそれを解決していく力こそが必要になるという強いメッセージがこめられた入試改革だったのです。

そんな共通テストも第１回は記述式の導入が直前に見送られたこと等もあり、どこか中途半端な印象がありましたが、第2回では解法やパターン暗記で高得点が狙えたセンター試験との違いを明確に打ち出してきました。共通テストの目的が「基礎学力」の確認であることを考えると、第2回のような出題には批判もあるでしょう。でも私自身はやり甲斐を感じることができる問題だと思いました。

多くの受験生を苦しめた第2回の共通テスト。仮にある受験生の数学ⅠAの自己採点が55点だったとしましょう。この受験生は自分の数学ⅠAの成績をどのように評価すればよいでしょうか？　共通テストのように大人数が受験するテスト（数学ⅠAの受験者は約36万人でした）の結果は**正規分布**と呼ばれる釣鐘型の美しい曲線になることが知られています。正規分布の頂点は平均に一致し、裾《すそ》の広がり方は標準偏差で決まります。

大学入試センターの発表によると、第2回の数学ⅠAの平均点は37・96点、標準偏差は17・12点でした。この場合、得点分布を表す正規分布曲線は図1-19のようになります。これを見ると平均点を中心として得点の分布が左右対称になっていることや70点を超えた受験生がかなり少ないことなどはわかりますが、55点だった受験生にとってはもう少し情報が欲しいところです。

正規分布は統計における最も重要かつ基礎的な分布であるため色々なことがあらかじめ

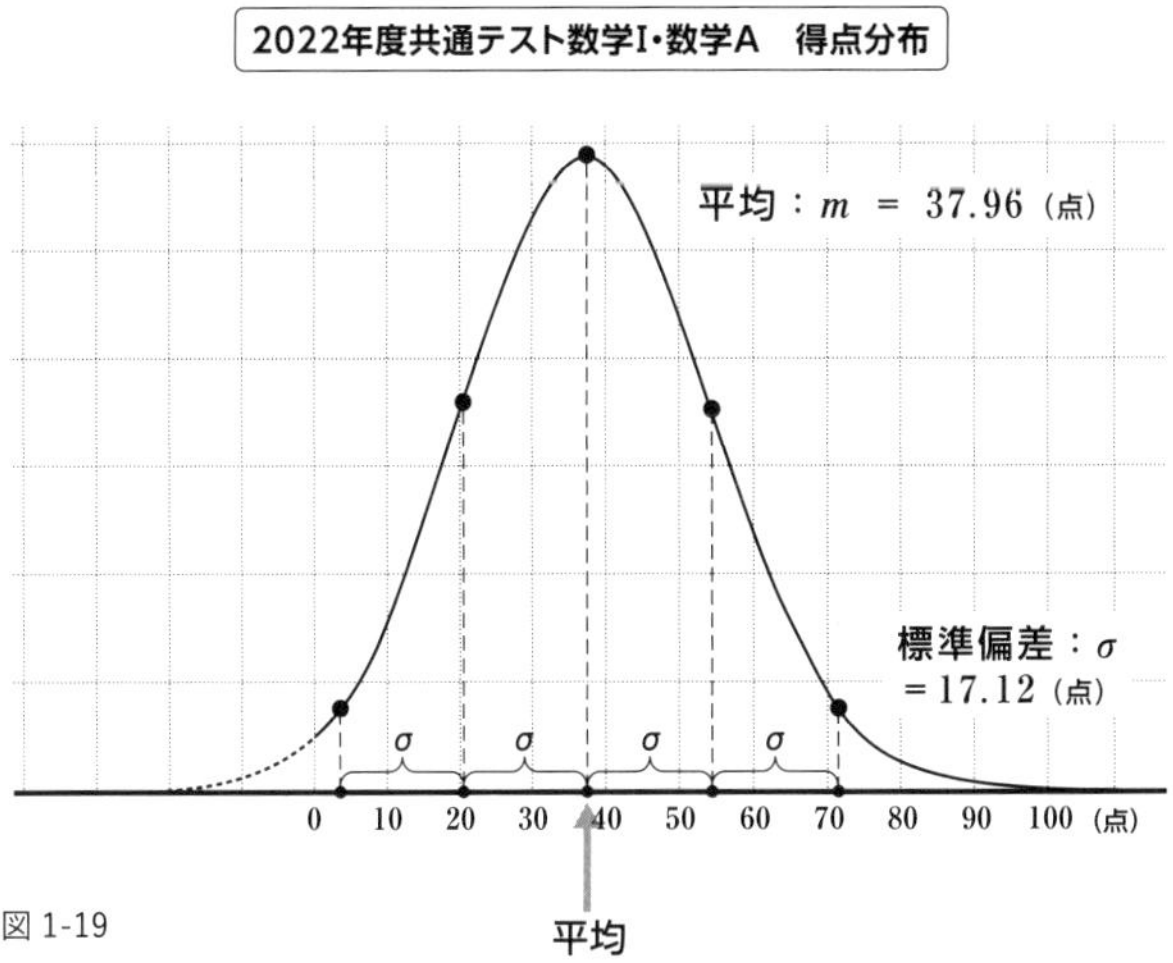

図 1-19

調べられています。中でも重要なのは、**平均から標準偏差±1個分の範囲に全体の68・26%が含まれ、同じく標準偏差±2個分の範囲には全体の95・44%が含まれる**という事実です。

55点だった受験生の点数はちょうど平均点に標準偏差1個分を足したくらい（37.96+17.12=55.08）なので、この受験生は上位約16%に含まれることがわかります（平均から標準偏差±1個分以上離れた得点を取った人は100-68.26で全体の31・74%、正規分布は左右対称なので上位の方は31.74÷2＝15.87%）。100人に換算すると16位くらいということですね。点数のイメージほどは悪くありません。

平均から標準偏差いくつ分くらい離れてい

2022年度共通テスト数学I・数学A　得点分布

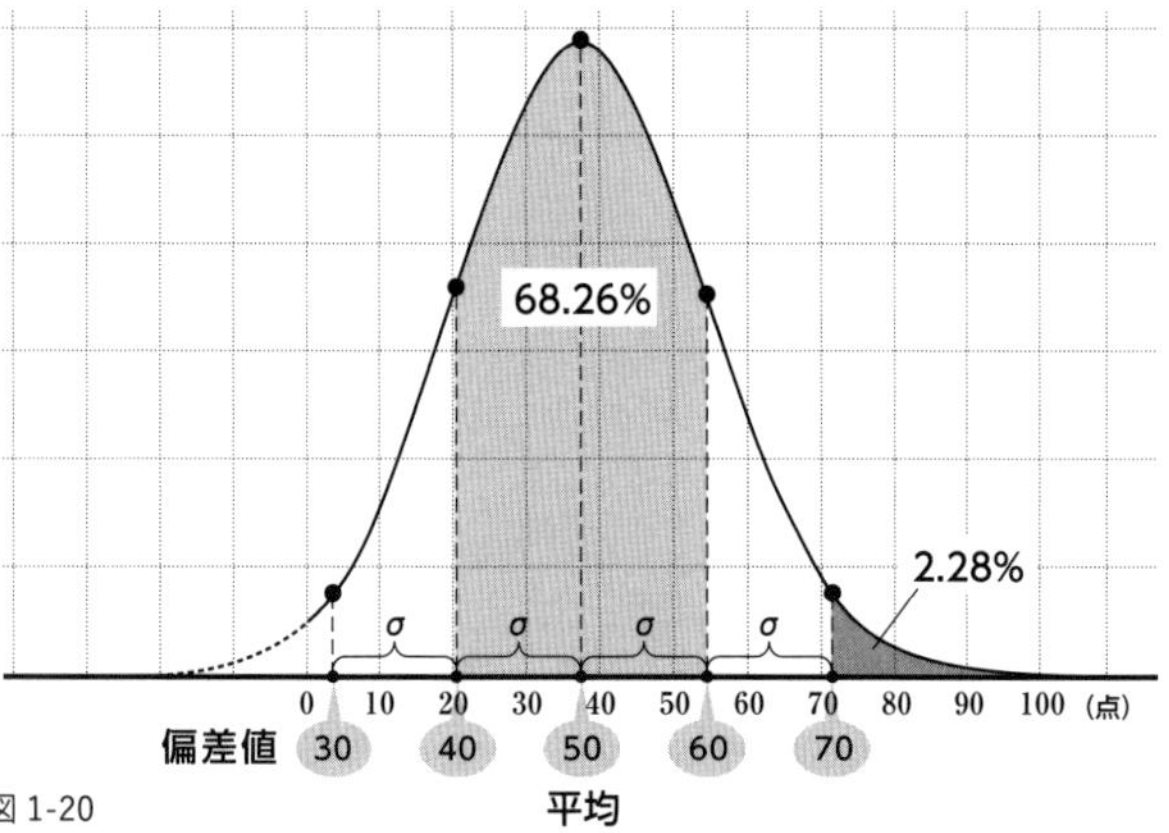

図 1-20

るのかということを示す指標が、皆さんよくご存知の**偏差値**です。偏差値は50が平均でそこから、標準偏差1個分離れると10だけ増減します。55点の彼のように標準偏差ちょうど1個分上なら偏差値は60です。もし標準偏差0・5個分低いと偏差値は45ということになります（**図1-20**）。

得点が正規分布になるとき、偏差値70を超える受験生は全体の2％ほどしかいません（平均から標準偏差±2個分以上離れた得点を取った人は100－95.44で全体の4・56％、正規分布は左右対称なので上位の方は4.56÷2＝2.28%）。

誤差曲線

共通テストの得点分布だけでなく、たとえば空から降る雨粒の大きさや生物の体長や体重なども正規分布になることが知られています。しかし、これだけでは正規分布は「最も重要な分布」にはならなかったでしょう。

正規分布が重要視されるようになったきっかけは、正規分布を表す曲線が**誤差の分布を表す曲線**でもあることがわかったからでした。

基準を目指して何かを作ろうとするとき、人が行なう場合はもちろん、機械が作業する場合でも厳密に言えば必ず誤差が生じます。基準よりも小さかったり、大きかったりするわけです。同じように、何かを測定するときにも、測定誤差を避けることはできません。ドイツで活躍した大数学者のガウスはそうした「誤差の大きさ」が正規分布になることを突き止めました。

誤差のあるところに正規分布ありというわけです。こう考えるとありとあらゆる場面で正規分布は使えるような気がしますよね？　実際、19世紀には、ケトレーやゴルトンらを中心として、ほとんどの統計学者が「正規分布以外でデータを表現するなど考えられない」と考えていました。

ある数学者が正規分布を誤差曲線として活用した有名なエピソードを紹介しましょう。位相幾何学《いそうきかがく》（トポロジー）の大家として知られ、19世紀の終わりから20世紀のはじめにかけて活躍したフランスの数学者ポアンカレは、あるパン屋に足繁《しげ》く通っていました。彼のお気に入りは「1kgの食パン」だったそうです。毎日のように買うその食パンが本当に1kgかどうかを確かめたくなった彼は、あるときから買ってきたパンの重さを測るようになりました。当然、いつも1kgちょうどであるはずがないことは承知していたはずですが、1kgを中心とする正規分布になることは期待していたでしょう。ところが1年分くらいのデータが集まったところでグラフにしてみたところ、950gを中心とする正規分布になりました。これは、パン屋がもともと50gをごまかして950gのパンを作ろうとしていたことを意味します。ポアンカレはこのことをパン屋に警告しました。パン屋はおそらく「ちっ、数学者さんは騙《だま》せなかったか」と苦々しく思ったことでしょう。

その後も疑り深いポアンカレは記録を続けました。そして、警告後のパンの重さを改めてグラフにしてみたところ、今度は正規分布にはならずに、右（重いほう）に歪《ゆが》んだグラフになることを発見します。このことからポアンカレは、パン屋は相変わらず1kgより軽いパンを作りつづけていて、うるさい自分にだけそのとき店にあるパンの中から重めのパンを選んで渡していたからだろうと見抜きました。ポアンカレは再びパン屋に警告しました。ポアンカレには警戒して重めのパンを渡していたのにもかかわらず、1kgより軽いパンを作り続けていたことを見抜かれたパン屋は一度目とは比べものにならないほど驚いたそうです。

　正規分布には他の分布の**近似曲線**になりうるという側面もあります。とくに試行回数が多いときの**二項分布が正規分布で近似できる**ことは、非常に有用です。世の中に、結果が成功か失敗かの二者択一になるベルヌーイ試行の類《たぐい》は数多く、これを繰り返した結果は二項分布に従うわけですから、二項分布を近似できるとなれば、それだけでも正規分布の応用範囲は大変広いことがわかってもらえると思います。

　正規分布が重要な理由はまだあります。それは次の中心極限定理の項で紹介しましょう。

中心極限定理

「中心極限定理」は漢字6文字で書くとなんだか意味がよくわかりませんが、もともとは

「統計学の中心にあると言ってもいいほど重要な極限（限りなく近づくもの）についての定理」といったニュアンスでこんな名称になりました。

中心極限定理

中心極限定理の内容は「**たとえ母集団がいかなる分布であっても、サンプルとして集めた数値の個数が多ければ多いほどそれらの平均は正規分布に近づく**」というものです。

なぜこの定理がそんなに重要なのでしょうか？　そもそも「サンプルの平均（**標本平均**と言います）が正規分布に近づく」という意味がわかりづらいかもしれませんね。

イメージとして、来る日も来る日も実験漬けの科学者を想像してみてください。この科学者は毎日同じ実験を繰り返し行ない、1日の終わりにその日に得られた結果の平均を計算して記録しています。そんな生活を1年続けたとすると、365日分の「平均値」が得られます。

実験というのは自然界における同種の科学現象のすべてを母集団とするサンプルであり、実験の結果が毎回同じになるということはまずありません。当然毎日計算した平均の値も色々な値になるでしょう。でも中心極限定理は、1日に行なう実験の回数が多ければ多いほど、365日分の平均の分布は図1-19で見せたような正規分布の形に近づくと言っているわけです。

母集団の分布がどのような形であっても、標本平均の分布は正規分布に近づく、というのは驚くべき事実ではないでしょうか？　多くの場合、**サンプルとして集めた数値の個数が数百個以上あれば、標本平均の分布は正規分布であると見なして構いません。**

中心極限定理をもう少し詳しく言うと、「サンプルとして集めた数値の個数がnのとき、**nが十分大きければ、標本平均の分布は、平均が母集団の平均（真の平均）に等しく、標準偏差が標本の標準偏差の $\frac{1}{\sqrt{n}}$ 倍であるような正規分布に近づく**」となります。

このことを使ってどのように推定できるのでしょうか？

具体的にやってみましょう。

推定の例題

Aという国で無作為に抽出した1600世帯をサンプルにして、年間のワイン消費量を調査したところ、このサンプルの標本平均は10・0（L）、標準偏差は2・0（L）でした。

このことからA国の年間ワイン消費量の真の平均（＝国民全員を調べたときの平均）はど

のように見積もるのが妥当かを考えてみましょう。

A国のワイン消費量の分布がどのような分布になっているかはわかりません。でもサンプルとして集めた数値の数は1600個と十分大きい（数百を超えている）ので、標本平均の分布は正規分布になると見なすことができます。そして、この正規分布の平均はまだ見ぬ真の平均（母集団の平均）に一致し、標準偏差は標本の標準偏差の$\frac{1}{\sqrt{n}}$倍、すなわち$\frac{2.0}{\sqrt{1600}} = 0.05$（L）になるというのが中心極限定理です。こうして具体的に考えてみると、中心極限定理がいかに魔法のような定理であるかがよくおわかりいただけると思います。

先ほど、正規分布においては平均から標準偏差±2個分の範囲に全体の95・44％が含まれると説明しましたが、**標準偏差±1・96個分の範囲には全体のちょうど95％が含まれる**ことがわかっています**（図1-21）**。

これは、**標本平均は95％の確率で母集団の平均（真の平均）から標準偏差±1・96個分の範囲に入る**ことを意味します。言い換えれば、今後同様の調査を100回行なったとすると、そのうち標本平均が母集団の平均（真の平均）から標準偏差±1・96個分より離れてしまうことは、5回程度しかない（めったに起こらない）ということです。

このことを使えば、真の平均の妥当な見積もり（ふつうはこの中に入るという値の範囲）が

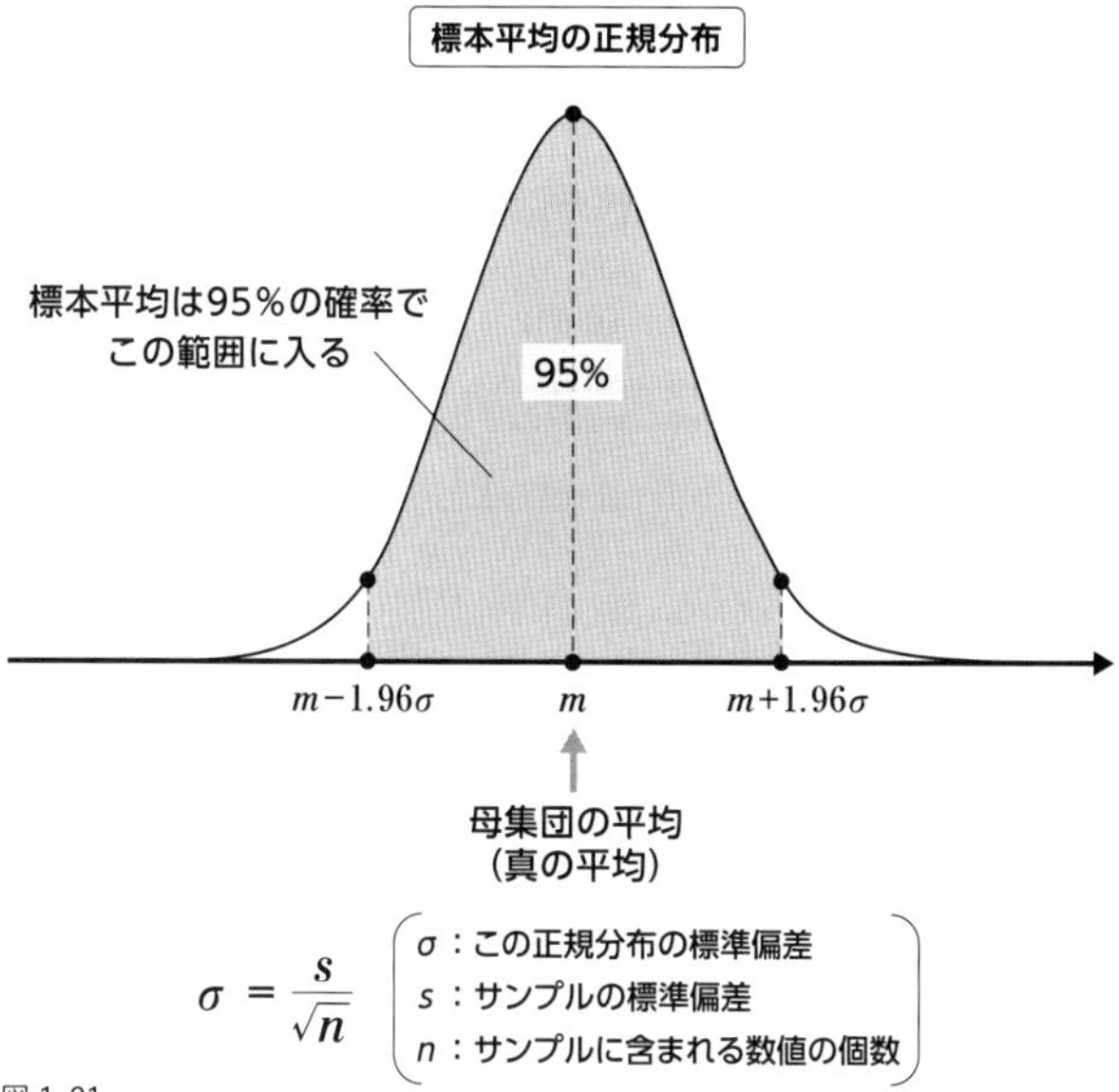

図 1-21

得られます。

たとえば、あなたがダイエットのためにジムに見学に行ったとしましょう。そこでインストラクターの人から「ウチのジムに通われている方は少ない方でも5kg、多い方なら10kgの減量に成功していますよ」と言われたとすると（その宣伝文句の真偽の程はともかく）、あなたはそのときの自分の体重から、もしそのジムに入ったとしたら（自分がよっぽど特殊なケースでない限り）、どれくらいの体重になれるのかの上限と下限を見積もることができますね。それと同じです。

m：年間ワイン消費量の「真の平均」

$$m - 1.96 \times \underbrace{0.05}_{\text{標準偏差}} \leq \underbrace{\boxed{10.0}}_{\text{標本平均}} \leq m + 1.96 \times \underbrace{0.05}_{\text{標準偏差}}$$ ←こうなる確率は95%

$$\Longrightarrow \quad m - 0.098 \leq 10.0 \leq m + 0.098$$

$$\Longrightarrow \quad 9.902 \leq m \leq 10.098$$ ←「真の平均」の95%信頼区間

図 1-22

標本平均がよっぽど特殊な値になってしまわない限り、真の平均は大きくても標本平均＋標準偏差１・９６個分の値、小さければ標本平均－標準偏差１・９６個分の値と考えていいわけです。

この計算をすると、A国の年間ワイン消費量の真の平均の見積もりは**９・９０２（L）以上10・０９８（L）以下**であることがわかりました。

ただし、ここで「A国の年間ワイン消費量真の平均が９・９０２（L）以上10・０９８（L）以下である確率は95％」と言ってしまうのは数学的に正しくありません。なぜなら、母集団のすべてを調べて得られる「真の平均」というのは特定の値であり「１回１回の結果が偶然に左右される」わけではないからです。既にお話ししたように、確率は繰り返し行なうことができて、１回１回の結果が偶然に左右されるものについてしか定義できません。

標本平均のほうはサンプルを集める度に異なる値になるでしょうから、標本平均については「○○以上△△以下になる確率は□%」という言い方はできますが、真の平均についてはこのような言い方はできないわけです。

そこで図1-22のような計算によって得られた母集団の「真の値」についての妥当な見積もり（ふつうはこの範囲に入るはずという区間）を、統計では**95%信頼区間**と呼ぶことになっています。

仮説検定

統計の章の最後に、推測統計のもう1つの柱である「仮説検定」を紹介しましょう。「推定」は母集団の平均や分散などの値がどのような値なのかを推測する手法であるのに対して、「検定」は母集団の分布や性質などについて、**ある仮説が正しいかどうかをYes or No方式で判断する手法**です。

たとえば、あなたが自動販売機で同じオレンジジュースを10本買って果汁の濃度を調べたところ、その平均が28%だったとしましょう。この場合あなたの買った10本のジュースは、全国で発売されている同じ銘柄のすべてのオレンジジュースを母集団とするサンプルであると言えます。そして濃度の標本平均が「28%」という結果からその銘柄全体の濃度の分布について数値で推測するのが推定です（サンプルとして集めた数が小さいのでより高度な方法が必要ですが……）。

これに対し標本の平均濃度が28%であるとき、パッケージに書いてある濃度（たとえば30%）が正しいと言えるかどうかを判断するのが検定です。別の言い方をすれば、**推定は定量的であり、検定は定性的**であるとも言えるでしょう。

仮説検定の例

あなたの友人に「俺は人よりジャンケンが強いんだ」と豪語する人がいたとします。あなたは「本当かな？」と訝《いぶか》しみましたが、実際にその友人とジャンケンをしてみたところ、あいこをはさまず4連敗してしまいました。友人は「ほらね？」と得意顔です。

この友人が人よりジャンケンが強いと言えるかどうかを仮説検定してみましょう。

まず、「友人はジャンケンの強さが人並みである」という仮説を立てます。その場合友人が1回のジャンケンで勝つ確率は$\frac{1}{3}$ですから、友人が4連勝する確率は$\left(\frac{1}{3}\right)^4=\frac{1}{81}=$

0.01234…≒1.2％です。これはかなり低い確率なので、あいこなしに4連勝するのはとても珍しいことがわかります。

仮説検定では「**『めったに起きないことが起きた』という結論になるのは、仮説が間違っていたからだ**」と考えます。

今回の場合は「友人はジャンケンの強さが人並みである」という仮説は誤りである、すなわち友人はジャンケンが人より強いと判断します。

仮説検定の用語

仮説検定には独特の用語がいくつか登場するので、紹介しておきましょう。

まず、確率を計算してみてめったに起こらない範囲の値になったとき、棄却する仮説のことを**帰無《きむ》仮説**と言います。この変な名前の由来は諸説ありますが、棄却して無に帰したい（なかったことにしたい）仮説だからこんな名前になったという説が有力です。

帰無仮説が棄却されたときに採用される仮説のことは**対立仮説**と言います。先ほどの例の場合「友人はジャンケンの強さが人並みである」が帰無仮説、「友人は人よりジャンケンが強い」が対立仮説です。

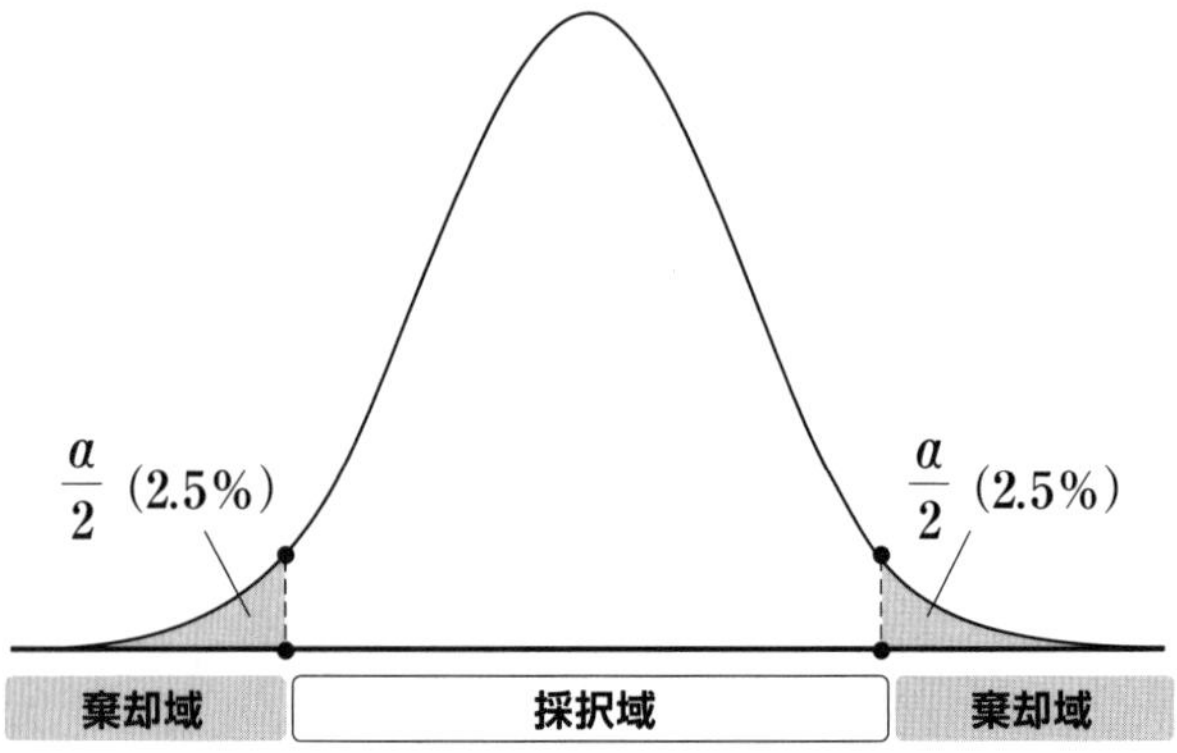

有意水準：α＝5%

図1-23

また「確率的にめったに起こらない範囲」を**棄却域**、棄却域以外の範囲を**採択域**と言います。棄却域の範囲を定める確率を**有意水準**と言います。有意水準には5%が使われることが多いのですが、1%であることや、もっと小さな値を設定することもあります（図1-23）。実際、2013年のノーベル物理学賞の対象となったヒッグス粒子の存在を確かめる研究では0・00003%という極めて厳しい有意水準が使われました。

仮説検定における注意点

仮説検定における重要な注意点を2つお伝えしておきます。

1つ目は**「仮説検定を通して何か結論が得られるのは、仮説をもとに計算した値が棄却域に入っ**

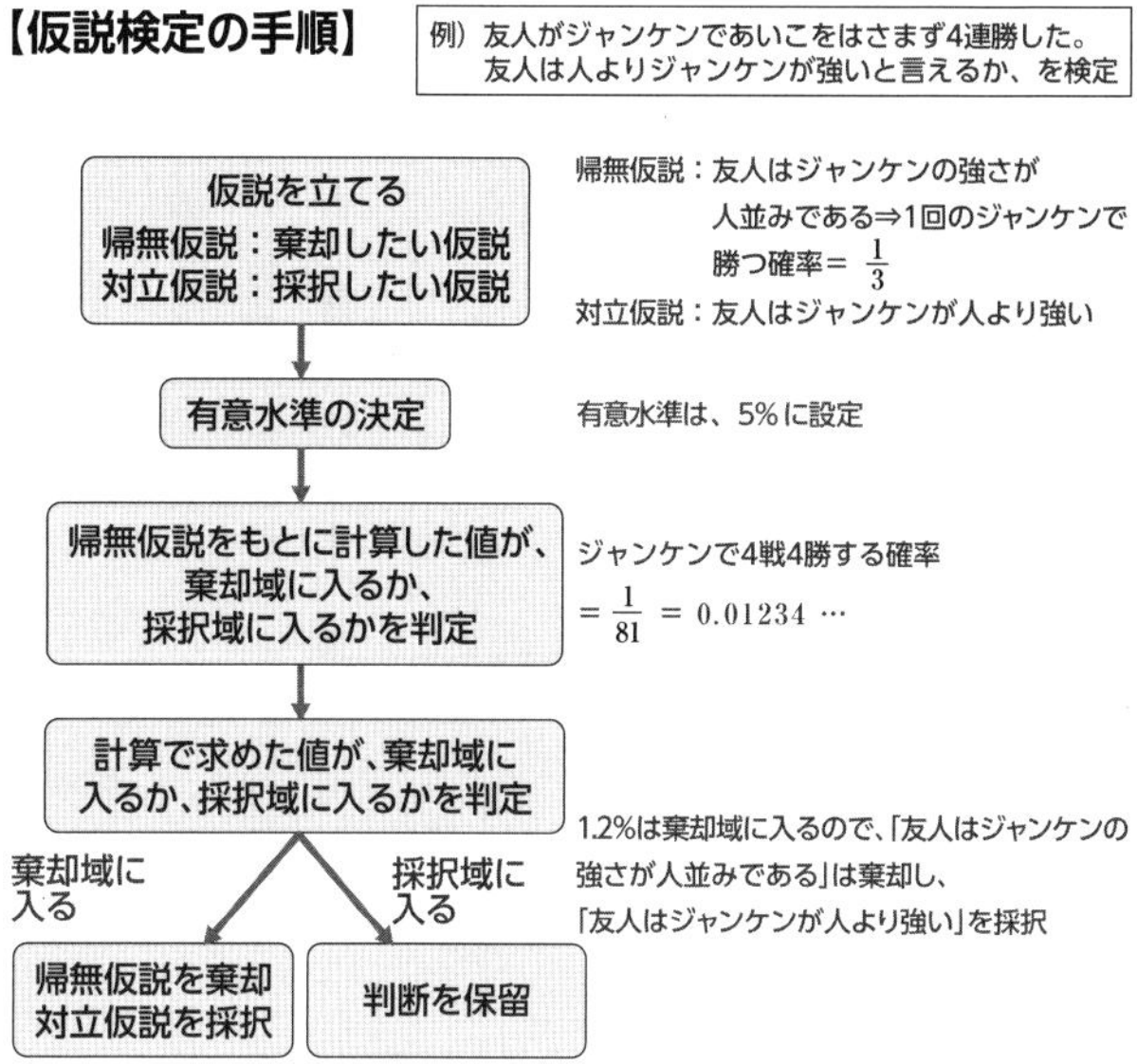
【仮説検定の手順】
例）友人がジャンケンであいこをはさまず4連勝した。
友人は人よりジャンケンが強いと言えるか、を検定
仮説を立てる
帰無仮説：棄却したい仮説
対立仮説：採択したい仮説
帰無仮説：友人はジャンケンの強さが
人並みである⇒1回のジャンケンで
勝つ確率＝ $\frac{1}{3}$
対立仮説：友人はジャンケンが人より強い
有意水準の決定
有意水準は、5％に設定
帰無仮説をもとに計算した値が、
棄却域に入るか、
採択域に入るかを判定
ジャンケンで4戦4勝する確率
$=\frac{1}{81}=0.01234\cdots$
計算で求めた値が、棄却域に
入るか、採択域に入るかを判定
1.2％は棄却域に入るので、「友人はジャンケンの
強さが人並みである」は棄却し、
「友人はジャンケンが人より強い」を採択
棄却域に
入る
採択域に
入る
帰無仮説を棄却
対立仮説を採択
判断を保留

図 1-24

たときに限られる」ということです。言い換えれば、これは棄却域の範囲次第で意味のある結論が得られるか得られないかが決まることを意味します。棄却域を定める確率を「有意水準」と呼ぶのはこのためです。

仮説をもとにして計算した値が採択域に入ったときは「よくあることが起きた」すなわち「確率的におかしな結論ではない」と考え、帰無仮説は否定できないと考えます。でもだからと言って**帰無仮説が正しいと言えるわけではありません。**「採

択域」とは言うものの、帰無仮説は「採択」できないことに注意してください。

たとえば先ほどの「人よりジャンケンが強い」という友人があいこなしに2連勝した時点で仮説検定をしてしまうと、ジャンケンで2戦2勝する確率は約11%ですから、有意水準が5%のとき「友人はジャンケンの強さが人並みである」という帰無仮説を棄却できません。でもこれだけではこの帰無仮説が正しいと証明できたことにもなりません。なぜなら、たまたま2連勝したのか、本当に強くて2連勝したかは判断できないからです。

ですから、帰無仮説に基づいて計算した値が採択域に入ったときは、判断を保留します。

重要な注意点の2つ目は、「**帰無仮説は確率が計算できるように設定する**」ということです。

仮説検定で証明したいことの多くは「効果がある」とか「重大な（意味のある）差が認められる」などの不等式（A＞B）で表される事柄ですが、差があることを仮定して確率を計算するのは難しいことが少なくありません。先ほどの例でも友人がジャンケンで勝つ確率は$\frac{1}{3}$より大きいことを仮定しようとしても、ではいったいどれくらいの勝率を仮定すればいいかは判断に困ってしまいます。でも等号（A＝B）で示される仮定であれば、先ほどのように確率は計算しやすくなります。

結局、差があることを示したい場合は**「差がない」ことを帰無仮説に設定**し、確率を計算します。そうして計算した値が棄却域に入れば、本当に示したい対立仮説を採択できます。

これは証明したいことの結論を否定し、矛盾を導くことで証明するいわゆる**「背理法」**によく似た考え方です。実際、仮説検定のことを「確率付き背理法」なんて呼ぶ人もいます（図1－24）。

第2章

微分積分

関数とは?

この章では微分積分について紹介していきますが、微分や積分というのは**関数**に対して行なう計算です。数学では、関数と微分積分に関する分野を**解析学**と言います。解析学は**数学の3大分野**の1つであり、あとの2つは図形を扱う**幾何学**と方程式を扱う**代数学**です。

最初に**関数（function）**という言葉を使ったのはアイザック・ニュートン（1642-1727）と並んで「微積分の父」と呼ばれる**ゴットフリート・ライプニッツ（1646-1716）**でした。つまり、関数の歴史はまだ300年ほどしかありません。

有史以前の洞窟の線刻画に幾何学模様が認められることや、4000年近く前の古代エジプトの数学書『リンド・パピルス』に方程式の原型が見つけられることを考えると、関数の歴史はかなり短いと言えるでしょう。それでもこれを扱う解析学が「数学の3大分野」の1つになり得たのは、**関数の理解とはすなわち因果関係の理解であり、関数の発見は世界を司《つかさど》る真理の発見そのもの**だからだと私は思います。

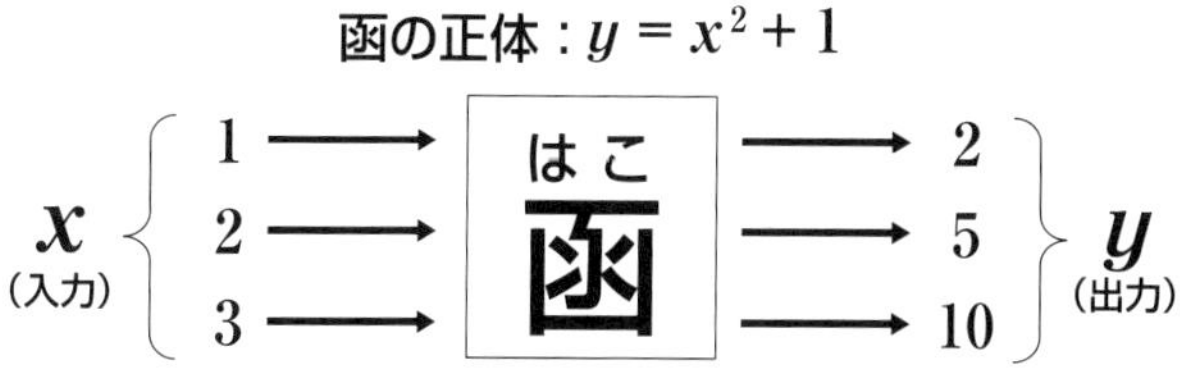

図 2-1

関数は「函数」だった

日本語の「関数」はもともと中国から輸入した言葉です。ただし当初は「函数」という漢字を使っていました。「函数」は、中国語では「ファンスウ」と発音することから、「function」の音訳であると言われています。

その後日本では1958年に当時の文部省が、なるべく当用漢字（現在は常用漢字）を使って学術用語の統一をはかろうと『学術用語集』を編纂《へんさん》したのを機に「函」の代わりに発音が同じ「関」を使うようになりました。

ただ私は、関数の本質を表すには「函数」のほうが良いと思っています（実際、一部の数学者は今でも好んで「函数」と表記します）。なぜなら、ある「函《はこ》」にxという値を入力した際、xの値に応じてyという出力が得られたとき、「yはxの函数」＝「yはxを入力した函から出てきた数」と考えるのはじつに的《まと》を射ているからです（図2-1）。

教科書的に言えば、ｙがｘの関数＝函数であるためには「**ｙの値がｘによって１通りに決まる**」という条件が必要です。

この条件が意味するところは、**自動販売機（函）が信用に足るかどうか**を判断する基準を考えてもらえばイメージしやすいと思います。この喩《たと》えでは、入力値（ｘ）は自動販売機のボタン、出力値（ｙ）は出てくるジュースと考えてください。

関数であるための条件を満たすことは、**１つのボタンに対して、出てくるジュースが１通りに決まる**ことを意味します。これがその自動販売機を信用するための最低限の条件であることは言うまでもありません。同じボタンを押しているのに押す度《たび》にコーヒーが出てきたり、オレンジジュースが出てきたりしたら――ギャンブル性を楽しみたい人を除いて――誰もその自動販売機では買おうとしないですよね。

たとえば「$y=x^2$」のとき、ｘの値を決めればｙの値も１通りに決まるので、ｙはｘの関数と言えます。でも「$x^2=y$」に対して、ｙを入力、ｘを出力と考えると、ｙの値を決めてもｘの値を１つに決めることはできない（例：$y=1$ のとき、$x=1$ の可能性も $x=-1$ の可能性もある）ため、「$x^2=y$」におけるｘはｙの関数ではありません。

一般にｙの値がｘの値によって１通りに決まるとき、すなわち「ｙがｘの関数である」

とき「y is a function of x」に由来して「$y=f(x)$」と表します。

2種類の因果関係

クラシックの演奏会では、開演前に出演者どうしが「トイトイトイ！」と声を掛け合うことがよくあります。「トイトイトイ」はお互いの幸運と舞台の成功を祈るある種のおまじないのような言葉ですが、もとはドイツ語です。トイ（toi）は悪魔を意味するトイフェル（Teufel）からきているという説や、唾《つば》を3回吐く代わりだという説などがありますが、いずれにしても魔除《まよ》けのニュアンスがあるそうです。

また日本には古くから「言霊《ことだま》」という感覚があるので、良い言葉を口にすれば良いことが起こると信じられていて、語呂合わせでゲンを担《かつ》ぐ人は少なくありません。試験の前などに「ステーキとトンカツを食べる＝敵に勝つ」などは有名ですね。またお正月のおせち料理の黒豆も「まめに働く」の語呂合わせから縁起がよいとされています。

しかし、こうしたおまじないやゲン担ぎのあとで良い結果を得られることが重なったとしても、そのゲン担ぎと結果の間に因果関係があると本気で考えている人はほとんどいないと思います。

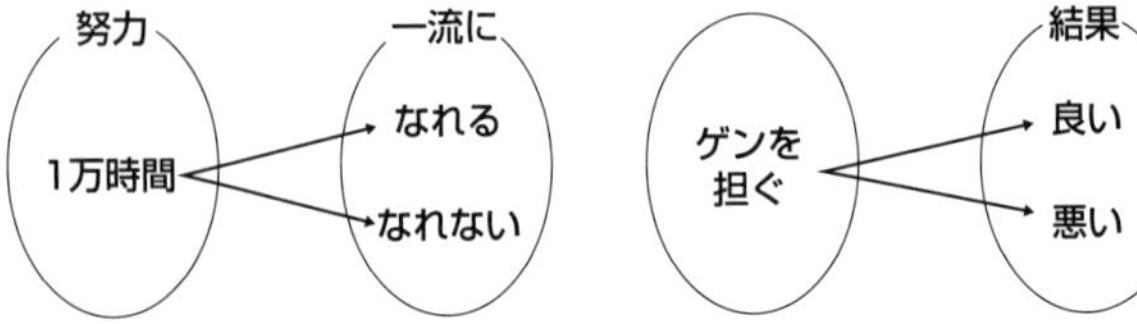

図 2-2

しかし、次のような例（図2-2）ではどうでしょう？

「どんな分野でも1万時間必死に努力すれば一流になれる」という格言を聞いたことはありませんか？　これは俗《ぞく》に「1万時間の法則」などと呼ばれていますが、これも「1万時間の努力」と「一流になれる」という結果の間に因果関係があるわけではありません。1万時間をかけるには、毎日そのことに10時間を費やしたとしても3年近くかかりますから並大抵でないことは確かです。実際に、それだけの努力をした結果、功成り名遂げた人もいるでしょう。しかし伝統工芸の職人になるには10年以上かかると言われていますし、司法試験や医学部の入試といった難関試験に何年も合格できないというケースもあります。

「それでも1万時間努力して一流になれた人は多いのだから、やっぱりそこには因果関係があるんじゃない

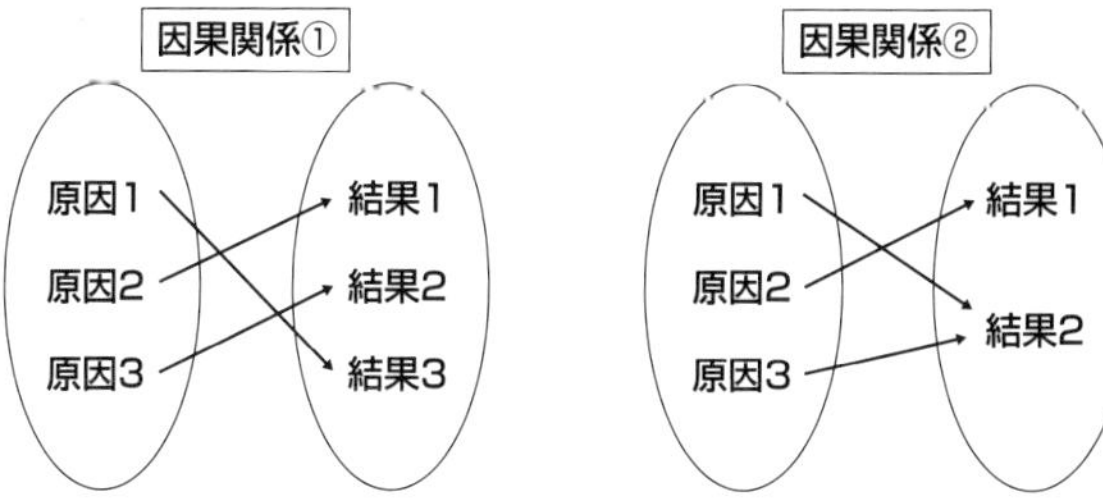

図 2-3

の？」という意見があるかもしれません。でもこう考えてしまう人はおそらく因果関係を誤解しています。もし「1万時間の努力」が「一流になれる」ことの原因なら、1万時間努力した人は必ず（1人の例外もなく）、一流になれるはずです。

ゲン担ぎについても同じです。もし仮にゲン担ぎとその結果に因果関係があるのなら、ゲンを担いだときは必ず良い結果にならないといけません。

2つの事柄の間に因果関係が成立する、というのは1つの原因から結果が1通りに決まることを意味します。例外は一切許されません。

一般に、原因と結果の間に——正しい意味で——因果関係が成立するケースには次の2つがあります（図2-3）。

①原因から結果が1通りに決まり、結果から原因も1通りに決まる。

②原因からは結果が1通りに決まるが、結果からは原因が1通りに決まらない。

勘の良い読者はそろそろ、なぜ私が先ほど「関数の理解とはすなわち因果関係の理解である」と書いたのかがわかってもらえるのではないでしょうか。そうなんです。「原因から結果が1通りに決まる」という因果関係が成立するための条件は、「原因」を「xの値」、「結果」を「yの値」に読みかえれば、そのままyがxの関数であるための条件になります。

原因と結果が関数的な関係にあることは、原因と結果の間に厳密な因果関係が成立することと同義なのです。

①や②のような真の因果関係がわかれば、私たちは未来に起こる結果を完全に予想することができます。これは心強いですね。しかも①の因果関係の場合には、原因と結果の間に**1対1対応**が成立しますので、結果の原因も特定できます。こういうケースの場合は、望まざる結果を完全に回避できますし、望む結果を必ずもたらすこともできるでしょう。

関数の理解はなぜ大切なのか

前の章で、因果関係の証明はとても難しいこと（因果推論の根本問題）を紹介しました。実際、現実の世の中では、本当の意味での因果関係が成立することはめったにありません。でも私たちをとりまく世界の中に、結果が原因の関数になっている、まったく正しい意味での因果関係が見つかれば、それは紛《まぎ》れもない**真理の発見**です。たとえば物体の間にはたらく万有引力は質量と距離の関数になっていますし、放射性同位体の原子数は時間の関数であると言えます。

さまざまなファクターが複雑に絡《から》みあう混沌《こんとん》とした社会にあって、先行きの不安を抱えている人は多いでしょう。だからこそ私たちはこんがらがった毛糸の玉の中から糸の端を探すかのごとく、ある行動がどういう結果に繋がるのかを知りたいと願っています。それは身の回りに関数を探そうとする営みそのものです。ある出来事が他のどのような出来事によって決まるのかを考える能力は、人間が生きていくためには欠かせないスキルだと私は思っています。

さらに、関数の理解を通して因果関係をきちんと理解することは、論理的に物事を考えるための基礎にもなります。数学を社会に生きる人間の役に立つものにしようとする限り、関数の理解を深める解析学が数学の最重要分野の1つに数えられるのは至極《しごく》当然のことなのです。

関数が難しいのは「変数」のせい？

中学生にはじめて方程式を教えるときは未知数をxと置いて「$3x+1=7$」のような式を作ることと、これを満たすxを求める方法（等式の変形）を教えることから始めるわけですが、このこと自体がわからない生徒はほとんどいません。小学校でも「3×□＋1＝7」のような虫食い算は経験していますので、□がxに変わっても馴染《なじ》みがあるのでしょう。

しかし、関数に登場する文字（xやy）は方程式の解のように特定の値に限定されるわけではないところが厄介《やっかい》です。たとえば、2次関数「$y=x^2$」の(x,y)には(0,0),(1,1),(-1,1),(2,4)……と無数の値が入ります。

こうなるとわからなくなってしまう生徒が続出します。方程式では覆面を外《はず》せば、いつも同じ顔が見えたのに、関数になった途端、覆面を外す度に違う顔が見えるので混乱するのかもしれません。

関数に登場するxやyのように定まることがなく、かつ未知である量のことを**変数**と言います。同じxやyを使っても、方程式の場合は特定の値が隠れているだけの「未知数」を表すのに対して、関数のときには色々な値になり得る「変数」を表すというのは、確かにややこしいですね。

変数のイメージは、小学校で習った公式を思い浮かべたほうがわかりやすいかもしれません。

たとえば、

円周の長さ＝直径×円周率

という公式の「直径」と「円周の長さ」には色々な値が入りますから変数です。そして、この場合、円周の長さは直径の関数になっています。反対に円周の長さがわかれば、その円の直径もわかる（1通りに決まる）ので、直径も円周の長さの関数です。

また、コインパーキングの駐車料金が、

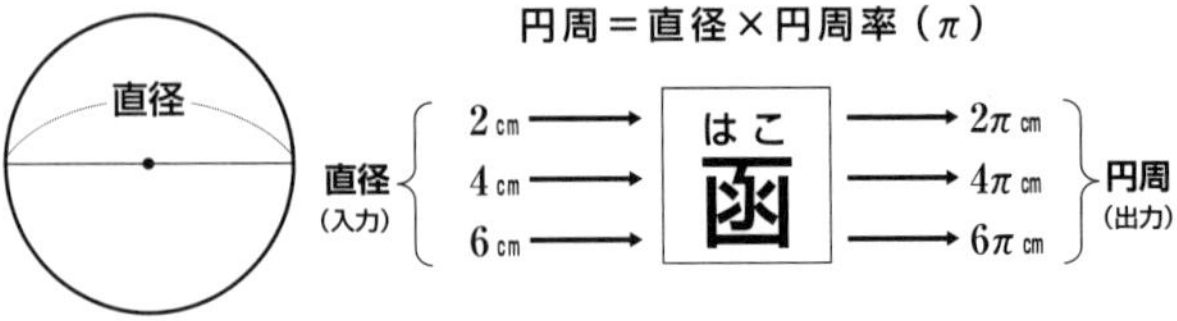

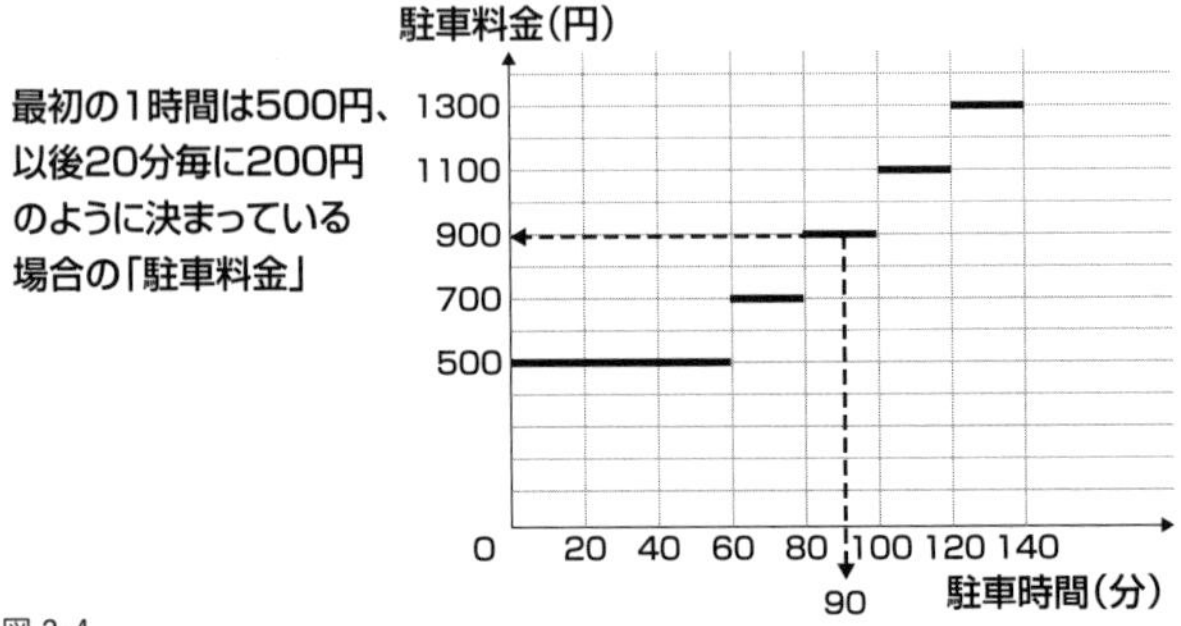

図 2-4

最初の1時間は500円、以後20分毎に200円

のように決まっている場合の「駐車料金」と「駐車時間」も変数です（図2-4）。

　ちなみにこの場合は、駐車料金は駐車時間の関数ですが、駐車時間は駐車料金の関数ではありません。たとえば駐車時間が90分のときの駐車料金は900円と1通りに決まりますが、駐車料金が900円のとき、駐車時間は80分以上100分未満ということしかわからず、1通りに決めることはできないからです。

関数とグラフ

　そもそも「変数」はどのように考え出さ

れたのでしょうか?

方程式において、未知数を1つの文字(アルファベット)で表すことを最初に提唱したのは16世紀に活躍した**フランソワ・ヴィエト**(**1540-1603**)という数学者でした。彼は著作『解析術入門』の中で、未知数には母音の大文字(A、E、I、O、U)を使うと書いています。なお、今日の私たちのように、未知数をx、y、z等で表したのはヴィエトより50年ほどのちの**ルネ・デカルト**(**1596-1650**)が最初です。

デカルトは「我思う故《ゆえ》に我あり」という世界で最も有名な哲学的命題を残した「近代哲学の父」として広く知られていますが、数学史においても「**数と図形の融合**」という革命を起こした大数学者でもあります。

そして「変数」はまさに、この革命のためにデカルトによって発明されたものでした。

座標と変数の発明

数と図形の融合のためにデカルトが考案したものがもう1つあります。それは「**座標**」です。

座標とは、ご存知の通り、ある平面上の点を(2,3)のような一対の数字によって表した

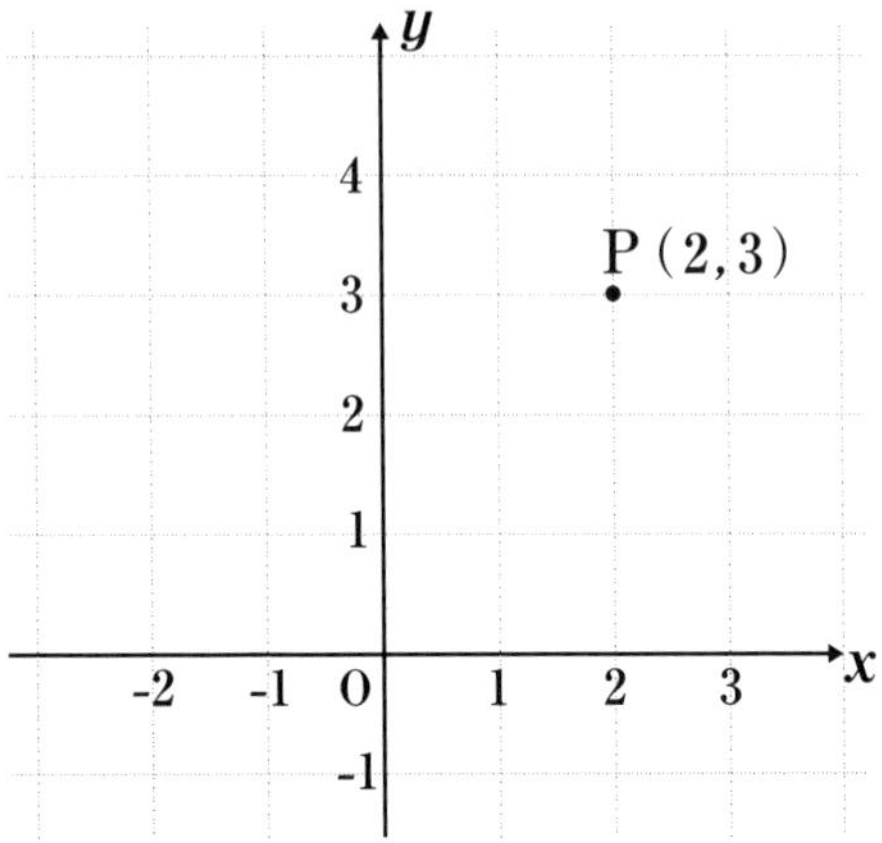

図 2-5

ものを言います。座標によって平面上の点を表すために、デカルトはx軸とそれに直交するy軸からなる、いわゆる「座標系」を用意しました（図2-5）。これを**直交座標系**と呼びますが、直交座標系は、発案者に敬意を表して**デカルト座標系**と呼ばれることもあります。

今日では座標によって座標系上のある点を表すのは、よく知られたことなので、デカルトのアイディアの意義は看過されがちですが、**座標によって平面上のいかなる点も一対の数字で表せること、またいかなる値の一対の数字であってもそれに対応する平面上の点が見つけられること**は斬新でした。この座標系上の点と座標の**1対1対応**こそが図形と数の融合を可能にしたのです。

次にデカルトはいよいよ「変数」を導入します。

たとえば、(-2,-1), (-1,0), (0,1), (1,2), (2,3), (3,4), (4,5) の7つの点は、どれも「y座標＝x座標＋1」という関係になっていますが、これらの点を座標系上に書いてみると図2-6のように一直線上に並んでいることがわかります。しかもこの直線上にある他の点を調べてみると、どの点の座標でも「y座標＝x座標＋1」という関係が成立します。そこで、デカルトはこの直線を「**$y=x+1$**」と表すことにして、この式の(x,y)は**不定であり、かつ未知の量**であると考えました。そして未知であるだけでなく、いろいろな値をとり得るこのような量のことを「**変数**」と名づけたのです。

座標と変数の導入によって、数と図形は見事に融合し、新しい数学が生まれました。これを**解析幾何学**と言います。

方程式のグラフ？　関数のグラフ？

ところで数学では**特定の値についてのみ成立する式**を方程式と呼びます。「**$y=x+1$**」も(x,y)が図2-6の直線上の点である場合にのみ成立する式なので方程式です。

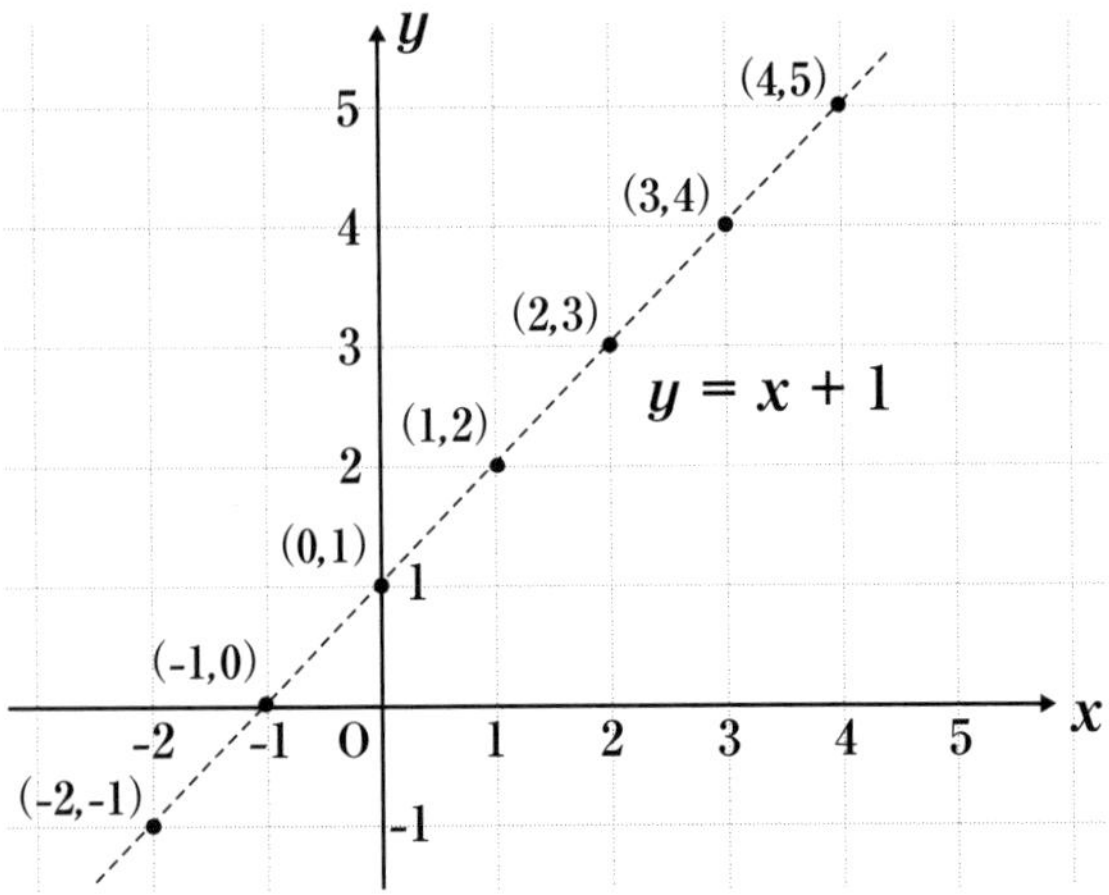

図 2-6

一般に、方程式の「＝」を成立させる点の集合である図形のことをその**方程式のグラフ**と言います。

なお「y=x+1」であるとき、xの値を決めるとyの値が1通りに決まることから、この式のyはxの関数であると考えることもできます。

もし「y=x+1」を方程式と捉えれば、図の直線はこの方程式を満たす解の集合（未知数が2つあるので解は無数にある）を表していると考えられますが、「y=x+1」を関数と捉えれば、**xの変化に応じてyがどのように変化していくかを捉えた関数のグラフ**、と考えることもできるわけです。

グラフはいつでも方程式のグラフと見ることも関数のグラフと見ることもできます。

関数を調べる

あなたのまわりでこんな発言をする人はいないでしょうか？

「今年の新入社員、電話のマナーについてちょっと注意しただけで、あっという間に会社をやめちゃったよ。最近の若者は叱《しか》られ慣れてないからだめだね」

どこかで聞いたことがあるような言い回しですが、じつはこのように話を展開することは、非論理的であることが少なくありません。なぜなら「今年の新入社員」というたった1つの例を根拠に「最近の若者は～」と若者全体について論じようとしているからです。

人はつい、全体に通じるような法則や発見を言いたくなってしまいます。だからミクロな視点で見えたことをマクロな視点でも見えたかのように（しかも本人は無自覚に）すり替えてしまうのです。ここで言うミクロな視点とは、対象に近づいて小さな部分を詳しく見ることです。言わば「虫の目」です。一方のマクロな視点とは対象から距離をとって全体を俯瞰《ふかん》することです。こちらは「鳥の目」だと言えるでしょう。

これからお話しする微分積分の**微分はミクロな視点（虫の目）で関数を見ること**であり、**積分とはマクロな視点（鳥の目）で関数を見ること**だと言えます。

Aさん	1ヵ月(31日)の変化(g)	-4000			
	1日あたり(g)	-129			
Bさん	1週間の変化(g)	-1400	-1200	-800	-200
	1日あたり(g)	-200	-171	-114	-29

図 2-7

未知の変化を調べる

微分の目的を一言で言えば、それは**未知の関数を調べる**ことです。

この章の冒頭で関数の「関」は元々「函《はこ》」だったと書きましたが、未知の関数（函数）というのは、函がブラックボックスになっていて、入力したxに対してどういう仕組みでyの値が決まるのかが見えません。そんなとき函の正体を知りたいと思ったら、あなたならどうしますか？

函の正体を暴《あば》くために、同じ値ばかりを入力する人はいないでしょう。yがxの関数（函数）であることはわかっているので、そんなことをしても、毎回同じ値が出力されるだけです。やはり、入力値としてxに色々な値を代入してみて、yの値がどのように変化するのかを見るのではないでしょうか？　かと言って闇雲に色々な値を代入するのも考えものです。

たとえば、ダイエットをしている人は、自分の体重が、日が経

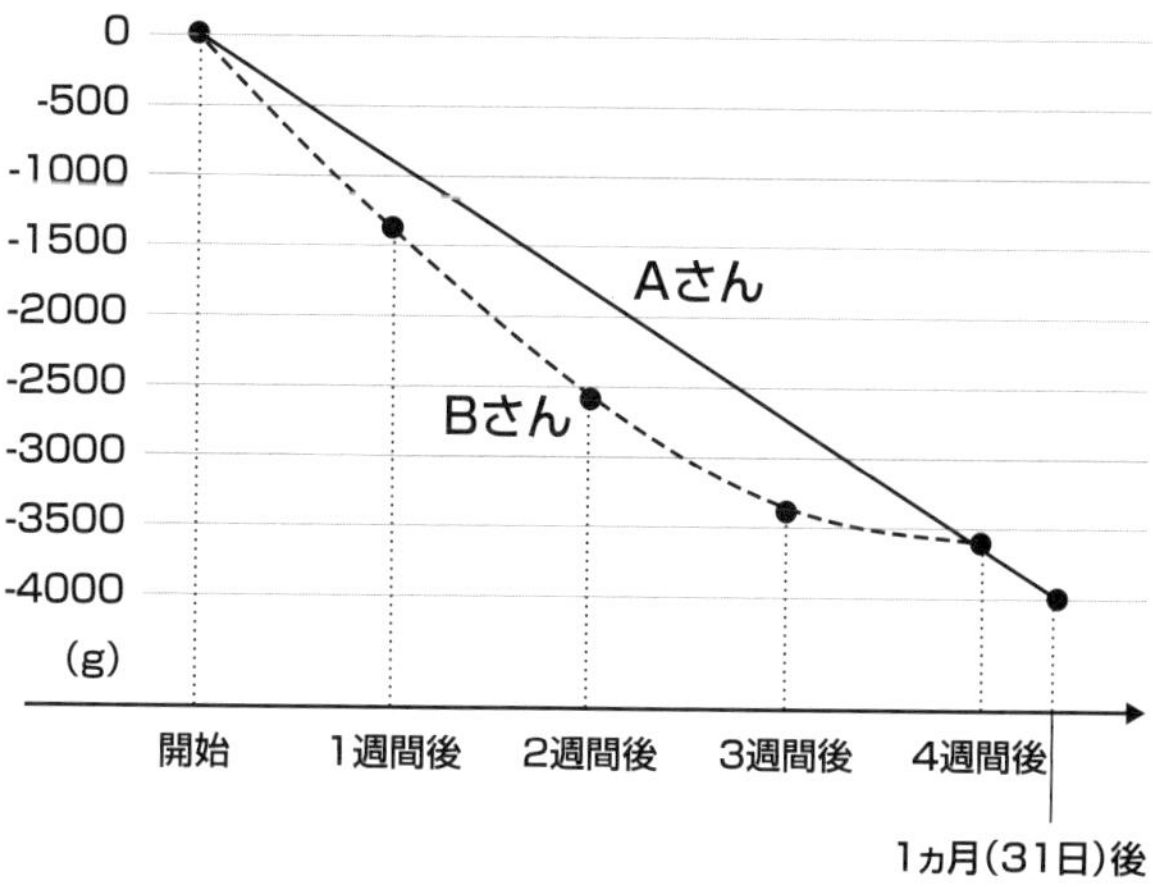

図 2-8

つにつれてどのように減っているのかを知りたいはずですから定期的に体重計に乗るでしょう。ただし、どれくらいの間隔を空けて測るかは人によって違うと思います。

仮にAさんは1ヵ月に1回しか測らない人で、Bさんは1週間に1回測る人だとします。図2-7はそんな2人の記録をまとめたものです。Aさんは1ヵ月ぶりに体重計に乗って4kg減っていました。一方Bさんは1週間毎に、1400g、1200g、800g、200gと減ったようです。さて、ダイエット効果が高かった（体重がより減った）のはどちらでしょうか？　もちろん、測定間隔が違うので両者の数字を直接比べることはできません。そこでそれぞれを測定間隔の日数

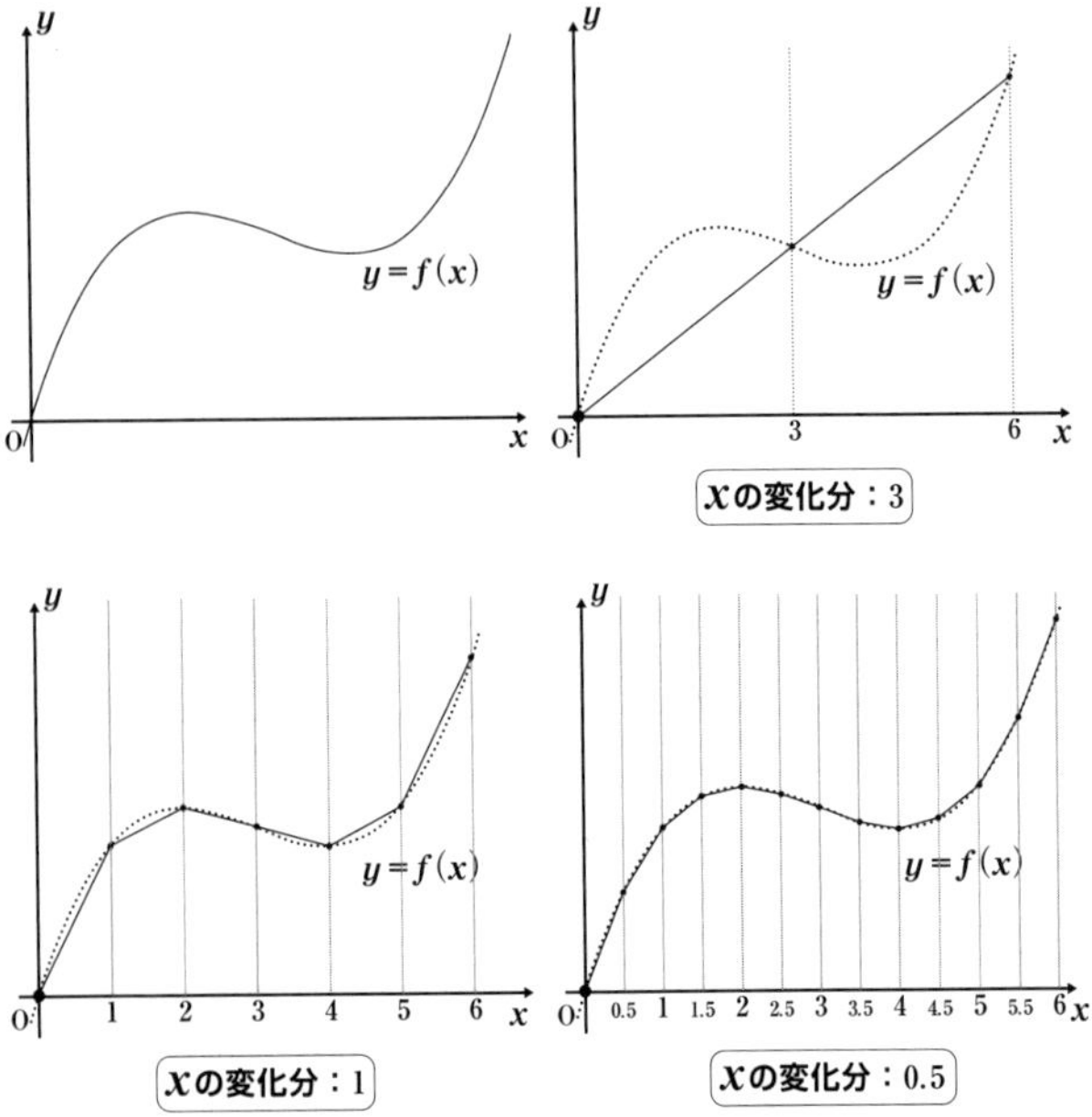

図 2-9

で割って1日あたりの減少分を計算してみました。すると、最初の2週間はBさんのほうが大きく減っていますが、その後の2週間はAさんのほうが大きく減っているように見えます。

でも、おそらくAさんのほうも実際の減り方はBさんと大差なかったのではないでしょうか？　ダイエット開始直後は体重が大きく減り、その後しばらくすると体重が減らない時期（停滞期）を迎えるというのはよくあることです。

AさんとBさんの減り方に違いがあるように見えるのは、単にAさんの測定間隔が広いせいで、その間の変化の詳細がわからないからでしょう。前掲した図2-7の表をグラフにすると図2-8のようになりますが、Aさんのほうも1週間間隔で測れば、ほとんど同じような変化になったかもしれません。事実、トータルの減少分は大差ありません。

同じように、自宅から160km離れた場所まで車で2時間かかったとして、単純計算で時速80kmだったと言ってしまうと、市街地を走っているときと高速道路を走っているときの速度の違いや信号につかまったり、途中のサービスエリアで休憩したりというドライブの詳細が見えてきません。

これらの例からも変化の詳細をつかむためには、できるだけ短い区間に分けて調べたほうがよいことがわかります（図2-9）。

未知の関数（函数）を調べるときも同じです。xをできるだけ短い間隔で変化させて、そのときのyの値の変化を調べれば色々な性質が見えてくるでしょう。

平均変化率

数学では、ある関数のyの変化分をxの変化分で割ったものを**平均変化率**と呼びます

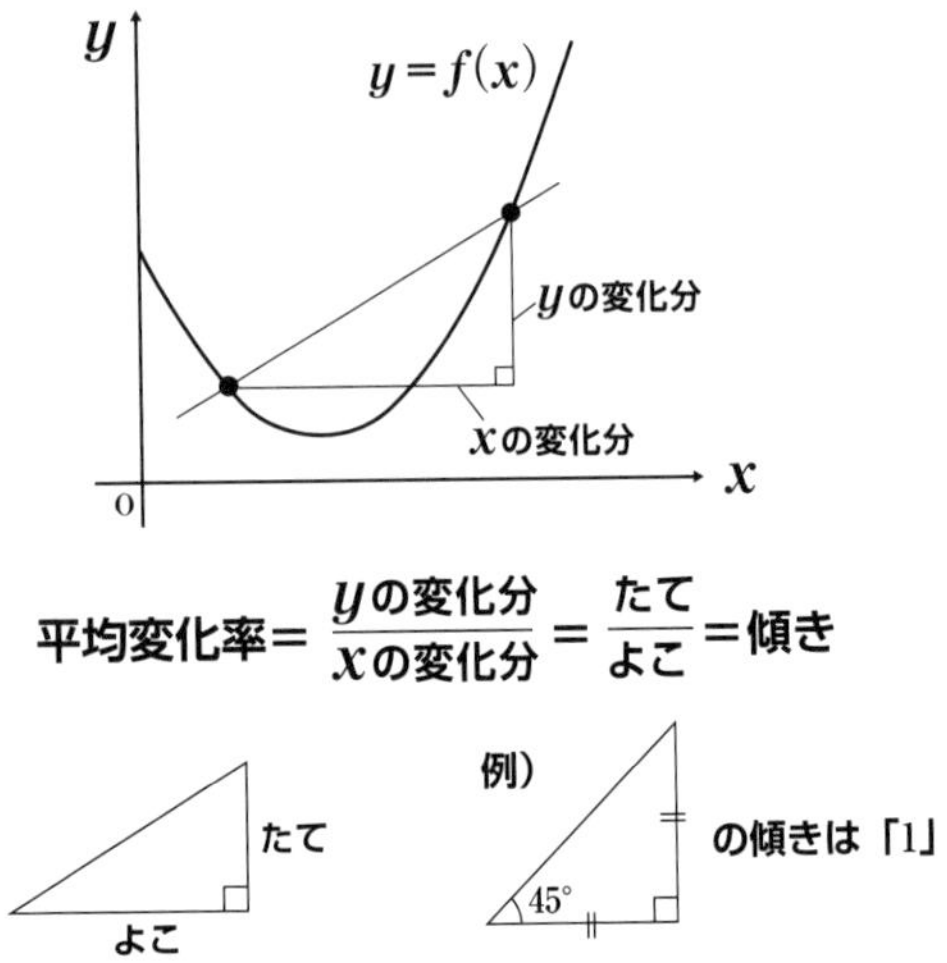

図 2-10

（中学数学では同じものを変化の割合と呼んでいました）。

平均変化率は、グラフ上では2点間を結ぶ直線の「**傾き**」を表します。ちなみに数学でいう「傾き」とは「**水平方向（よこ）の長さに対する高さ（たて）の割合**」のことです。たとえば傾きが1だというのは、水平方向も高さも同じ長さの直角二等辺三角形と同じ勾配だという意味なので、傾きが1のとき斜面と水平面のなす角は45度になります**（図2-10）**。

さて、未知の関数を調べたいとき、平均変化率の計算は、xの変化分をどれくらいの幅にしたらよいでしょうか？　前項で見た通り、xの変化分はできるだけ小さくしたほうが詳細を知ることができそうです。結ぶ2点

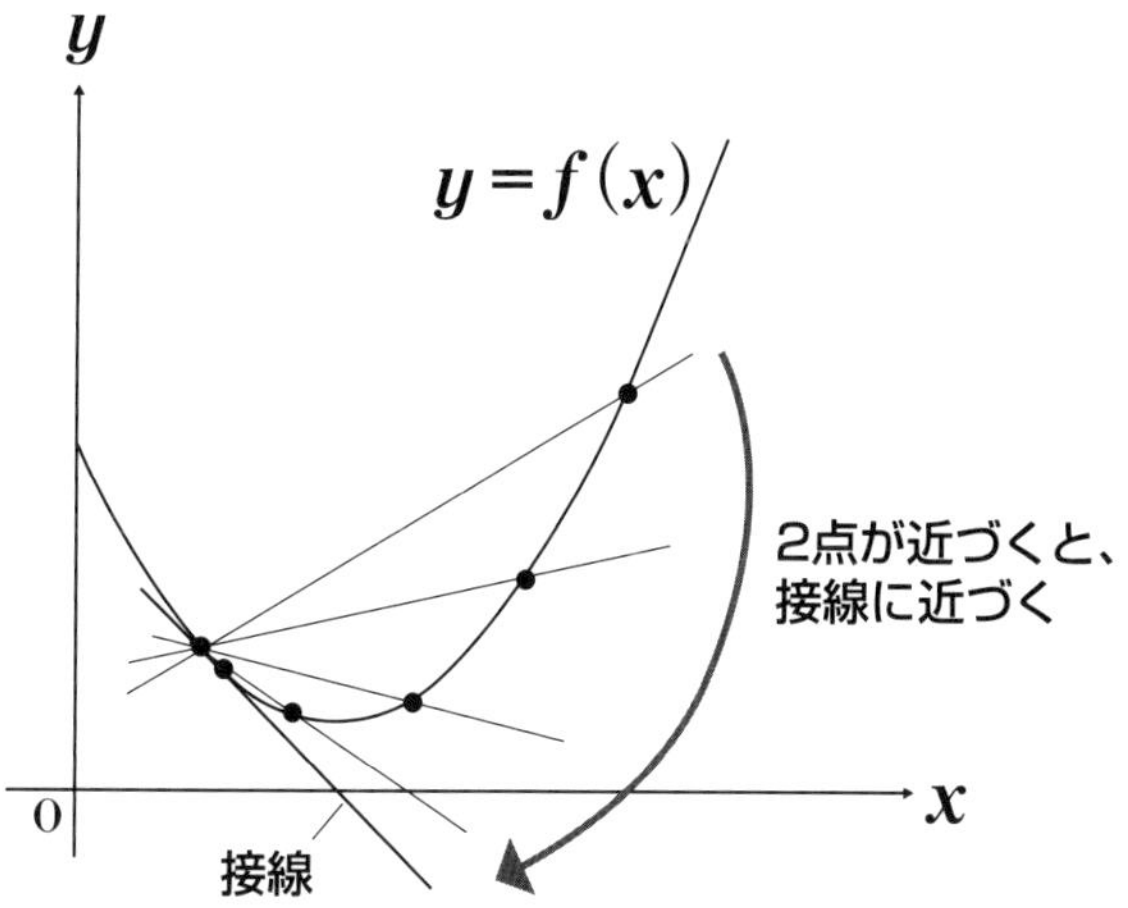

図 2-11

の間隔（xの変化分）はできるだけ小さいほうが元の関数の正体に近いものがつかめます。

それなら、xの変化分を究極までゼロに近づけたくなるのが人情です。そのとき平均変化率は何を表すのでしょうか？

さあ、いよいよこのあと微分の神髄に迫っていきます。

接線

前述の通り、平均変化率はグラフ上の2点を結ぶ直線の傾きを表します。この平均変化率を考える区間が短くなればなるほど、グラフ上の2点は近接し、2点を通る直線は、そのグラフに1点でただ触れているだけの直線に近づいていきます。このときの**「1点でた**

だ触れているだけ」の直線のことを**接線**と言います。

グラフ上に2点AとBがあって、BをAに限りなく近づけると、AとBを結ぶ直線はA点で「ただ触れているだけの直線」=接線に限りなく近づき、**AとBを結ぶ直線の傾きを表す平均変化率は、Aにおける接線の傾きに近くなる**（図2-11）。

じつはこれこそが、**微分の基本概念**です。

微分とは?

平均変化率を考える区間を短くすればするほど、平均変化率は接線の傾きに近くなることがわかりました。言い換えると、接線の傾きとは、区間をどんどん小さくしたときに、平均変化率が限りなく近づく値だというわけです。

極限

「限りなく近づく値」のことを数学では**極限**と言います。

図2-12を見てください。全体は一辺の長さが1の正方形ですから、この正方形の中の長方形や小さな正方形の面積を順々に足していくとその和が限りなく「1」に近づいてい

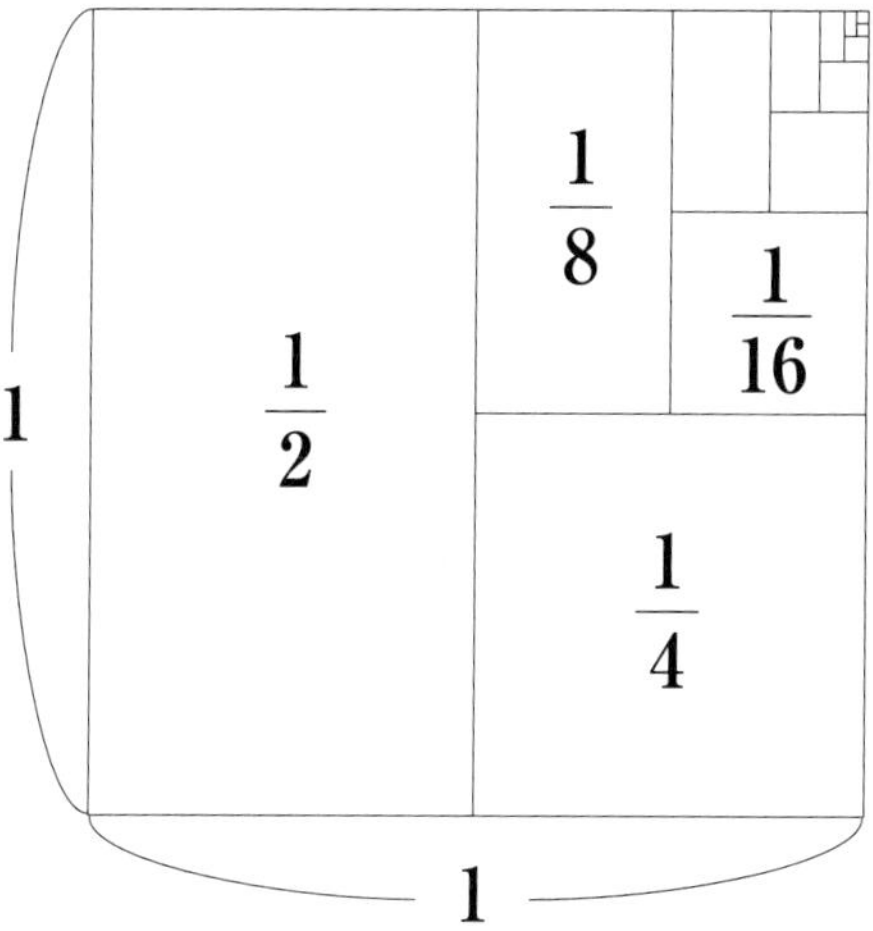

$$\frac{1}{2}+\frac{1}{4}+\frac{1}{8}+\frac{1}{16}+\cdots\cdots=1$$

図 2-12

$$S_n=\frac{1}{2}+\frac{1}{4}+\frac{1}{8}+\frac{1}{16}+\cdots\cdots+\frac{1}{2^n}\quad\sim①$$

$$\frac{1}{2}+\frac{1}{4}+\frac{1}{8}+\frac{1}{16}+\cdots\cdots=1\quad\Leftrightarrow\quad\lim_{n\to\infty}S_n=1\quad\sim②$$

図 2-13

くことは明らかですね。図2-13の数式はこれを表しています。

しかし、この書き方では「……」が曖昧なので、書き方を改めましょう。

まず、図2-13の①のようにS_nを定めます。すると、図2-12の図から$\boldsymbol{n}$を限りなく大きくすると、S_nが限りなく1に近づくことは明らかです。このことを数式では②のように表します。「lim」は極限を表す記号です。英語の「limit」に由来します。ちなみに「⇔」は**同値記号**と言い、数学的な内容がまったく同じであることを示します。好対照であることや反対であることを意味するわけではないので注意してください。

極限についてのよくある誤解

突然ですが、こんななぞなぞをご存知でしょうか？

【問題】2・999……この職業はなあんだ？

答えは、保母さん（ほぼ3）です。同じような問題に、「8・999……この動物はなあんだ？→孔雀《くじゃく》（9弱）」というのもあります。

しかしもし「…」が、永遠に続く9を表しているなら、このなぞなぞの答えは間違っています。なぜなら、その場合2・999……＝3であり「ほぼ3」ではないからです。

$$
\begin{aligned}
2.999\cdots &= 2 + 0.999\cdots \\
&= 2 + \underline{0.333\cdots} \times 3 \\
&= 2 + \underline{\frac{1}{3}} \times 3 = 2 + 1 = 3
\end{aligned}
$$

図 2-14

実際、図2-14のように考えれば、2・999……「ほぼ3」ではなく「ぴったり3」になります。読者の中には、「いや、0・333……を勝手に$\frac{1}{3}$にしちゃってるのは納得できない」という方もいらっしゃるでしょう。でも、1÷3を計算すると、商が0・333……と小数点以下にどこまでも3が並ぶ数になるのは間違いありません。

もちろん、もし「2・999……」の「…」が有限の9の並びを表しているのなら、すなわち「2・999……=2・999……9」なら、これは「ほぼ3」です。要は「…」が限りなく続く9を表しているときに限り、「2・999……=3」なのです。

何だかずいぶんとややこしい話です。

混乱の原因は、たくさんの数が続くことを何でもかんでも「…」で表してしまっていることにあります。この表し方ではそれが有限なのか無限なのかがはっきりしません。そこで、数学ではこのような表記を嫌い、「限りなく近づく相手」を示す表現として「lim」の表記が編《あ》み出されました。

ここでとくに重要なのは、極限というのはあくまで「**限りなく近づく相手**」が何であるかを言っているに過ぎないとはっきり理解することです。

たとえば、$\frac{1}{x}$ のxをどんなに大きくしても、$\frac{1}{x}$ は決して0にはなりません。でもxが大きくなればなるほど、$\frac{1}{x}$ が近づく相手は（0.1や-0.1ではなく）0であるというのは紛れもない事実なので、図2-15の（A）のように「lim」を使って極限（限りなく近づく値）を表す際には「≒」ではなく「＝」を使います。

一方、xを限りなく1に近づけると、$\frac{1}{x}$ が限りなく1に近づくことは間違いないので、（B）のように書くことも完全に正しい表記です。この場合は、$\frac{1}{x}$ が1に等しくなることがあり得ます。

注目する変数の極限がある値であることと、変数が実際にその値になるかどうかは別問題なのです。

極限において「＝」で結ばれた関係は、受験勉強と合格

$$\lim_{x\to\infty}\frac{1}{x}=0 \qquad \sim\text{(A)}$$

$$\lim_{x\to 1}\frac{1}{x}=1 \qquad \sim\text{(B)}$$

$$\lim_{\text{努力}\to\infty}\text{受験勉強}=\text{合格} \qquad \sim\text{(C)}$$

図 2-15

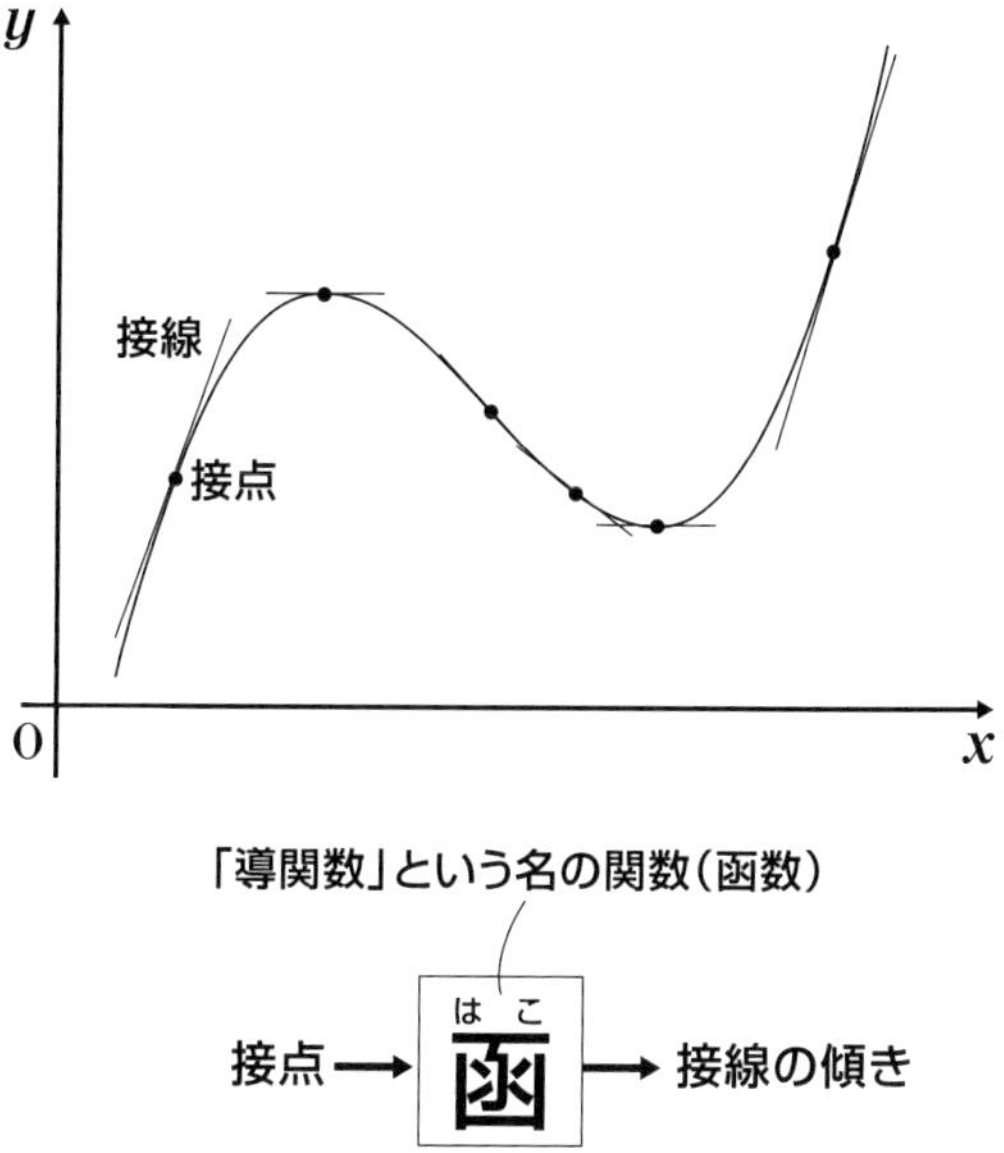

図 2-16

の関係に似ていると思います。努力すればするほど合格に近づくことは明らかなので、（C）のように書くことはできます。でも、実際に合格するかどうかは時の運やまわりの状況にもよります。つまり（C）の式は、限りなく努力すれば必ず合格できるということを意味するわけではありません。

導関数

微分に話を戻しましょう。

平均変化率の極限（限りなく近づく値）は、接線の傾きになることは先に書きました。

図2-16からもわかるように、関数のグラフの色々な点における接線の傾きは接点で決まります。また、1つの接点に対して接線は1本です。1つの接点に複数の接線が引けるということはありません。**接点が決まれば、接線の傾きは1通りに決まります**。この「1通りに決まる」という表現、どこかで聞きましたね？　そうです。関数の定義に出てきた表現です。じつは、ある関数のグラフの接線の傾きは接点によって決まる関数になるのです。

一般に、接線の傾きを接点の関数として捉えたものを**導関数**と言います。

本章ではここまで、

ある関数のことを調べたかったら、平均変化率を調べればよい

←

平均変化率を調べる区間は短ければ短いほどいい

←

その究極は接線の傾きである

←

接線の傾きがどのように変化するかがわかれば、関数の詳細がわかる

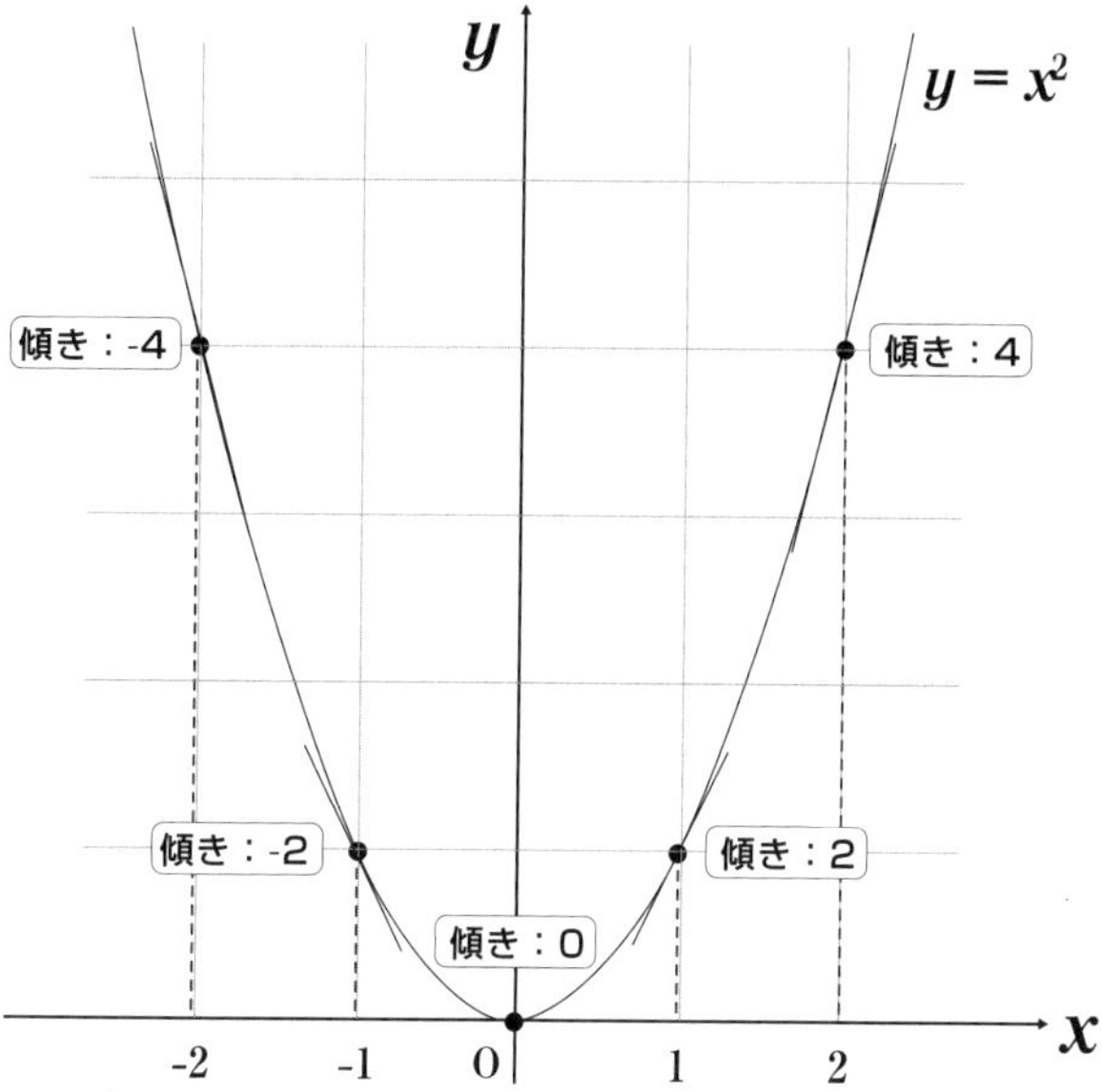

x	接点のx座標	-2	-1	0	1	2
y	接線の傾き	-4	-2	0	2	4

$$\Downarrow$$

$y = x^2$ の導関数：　$y = 2x$

図 2-17

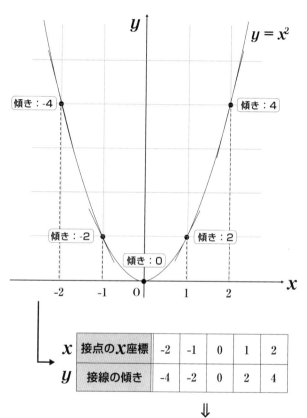

←

接線の傾きを関数として捉えたものを「導関数」と呼ぶ

と話を展開してきました。つまり、導関数がどのようなものであるかがわかれば、関数の正体がわかるというわけです。そしてこの最終目標である「導関数」を求めることを「微分」と言います。

「ある関数を微分しなさい」と**「ある関数の導関数を求めなさい」**は同義です。

「微分」の意味がわかったところで、実際に微分を体験していただきましょう。

中学で、$y=x^2$ という二次関数のグラフは、原点を頂点とする放物線になることを学びました。今、この二次関数を微分するとどうなるかを考えてみます。

$y=x^2$ のグラフの各点における接線の傾きを調べると、図2-17の表のようになります。今、「接点のx座標」と「接線の傾き」を変量と捉えてそれぞれをxとyにしましょう。するとxとyの間には、$y=2x$ という関係が成り立つことがわかります。$y=x^2$ のグラフの各点における接線の傾きは、接点（のx座標）によって1通りに決まる函数（関数）であり、その函の正体は $y=2x$ だというわけです。つまり、$y=x^2$ の導関数は $y=2x$ です。

$y=f(x)$のとき

- 導関数の表し方①　$f'(x)$, y'
- 導関数の表し方②（ライプニッツ式）　$\dfrac{dy}{dx}$, $\dfrac{d}{dx}f(x)$

（参考）ニュートン式　$\dot{y}$

図 2-18

このことは「$y=x^2$ を微分すると $y=2x$」と言うこともできます。

導関数を表す記号について

導関数の表し方は、元の関数に「′(ダッシュ)」を付けて表す方法と分数のような表記で表す方法に大別できます。分数のような表記を考えたのは、前述のライプニッツです。ちなみに数学ではあまり使いませんが、物理の世界では単に文字の上に「・」を付けて微分を表すこともあります。これはニュートンが好んで使っていた表記です（図2-18）。

このあとは余談になります。

ニュートン以降、イギリスは長らく数学の分野でドイツやフランス等の後塵《こうじん》を拝することになるのですが、じつはその理由の1つは導関数の記号の違いにあったと言われているのです。

「たかが記号でしょ？　そんなに影響ある？」と思われるかもしれませんが、機械式計算機を発明した19世紀のイギリスの数学者チャールズ・バベッジは「ニュートンの記法は、イギリスの数学を１００年遅らせた」と痛烈に批判しています。

ニュートン以降、18世紀のイギリスの数学者たちは祖国の誇りでもあったニュートンに敬意を表し、ニュートン流のただ「・」を付けただけの記号で導関数を表していました。一方、イギリス以外の国の数学者たちは、ライプニッツ流の分数的な表記のほうを好んで使いました。なぜなら、この分数のような表記を使うと、合成関数の微分や置換積分といった微分積分の計算を非常に直感的に行なうことができるからです。そのわかりやすさが、イギリス以外の国の数学者のアドバンテージになりました。

ライプニッツはとても多才な人でした。彼がその名声を後世に残すほどの業績をあげた分野は、数学以外にも法律学、歴史学、文学、論理学、哲学……と驚くほど多岐にわたっています。

そんなライプニッツを称える言葉は「知の巨人」「万能の人」「普遍的天才」などさまざまにありますが、私はあえて「記号の王様」と呼びたいと思います。

ライプニッツが数学史に大きな影響を及ぼすほど秀逸な導関数の表記を考えだすことができたのは偶然ではありません。彼にはもともと「記号」に対する並々ならぬ関心と期待があったのです。

ライプニッツは微積分と同じくらい「組合せ理論」という分野にも心血を注ぎました。これは今日で言うところの「記号論理学」の端緒《たんしょ》となったものです。彼は研究の中で、日常語は一切使わずに記号だけで推論を行なう方法を模索しました。

ライプニッツは、数式計算のように推論を行なえる記号を発明しようとしたのです。その記号を使えば高度な考察を必要とする推論も単純作業になり、しかも誤った推論は原理的に起こりえないようにすることができるはずでした。しかし残念ながら志《こころざし》半《なか》ばでライプニッツは没してしまいます。彼の夢を引き継いだのは事実上の記号論理学の始祖であるイギリスのジョージ・ブール（1815－1864）でした。この間なんと約150年。ライプニッツの夢がいかに大きくまた深遠《しんえん》であったかがわかります。

話を導関数の記号に戻しましょう。

ライプニッツが使った「dx」や「dy」の d は、「差」や「微分」を意味する英語の「differential」の頭文字に由来します。「dx」、「dy」の読み方は日本語では「ディーエックス」、

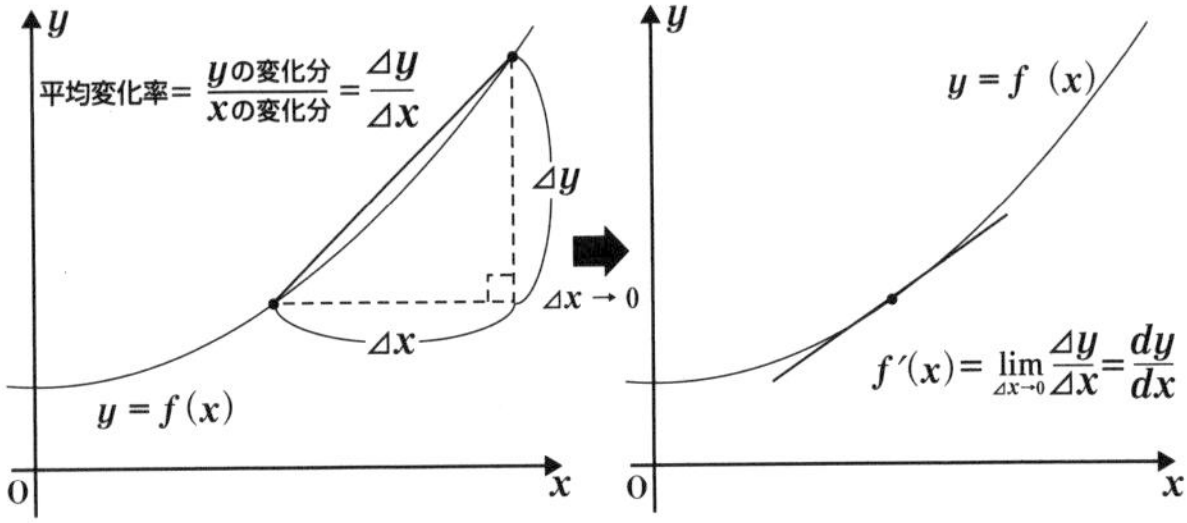

図 2-19

「ディーワイ」ですが、英語では省略せずに「differential x」、「differential y」と読むこともあります。

ではなぜライプニッツは「dx」と「dy」を分数のように組み合わせた「$\frac{dy}{dx}$」という記号で導関数を表そうと考えたのでしょうか？　それは、導関数の本質を記号で表そうとしたからでした。

導関数と平均変化率の関係性を明示するために、平均変化率を表す記号に「$\frac{\Delta y}{\Delta x}$」という記号が使われることがあります。直角三角形のような「Δ」は「デルタ」と読むギリシャ文字（の大文字）です。「Δx」と「Δy」はそれぞれxとyの変化分（差）を表します。Δの由来もやはり「differential」の頭文字ですが、dはすでに導関数の記号で使ってしまっているので、dのギリシャ文字に相当する「デルタ」が使われています。「d～」と「Δ～」には明確な使い分けがあります。前者は限りなく0に近づけたときの極限を表すときに使い、後者は

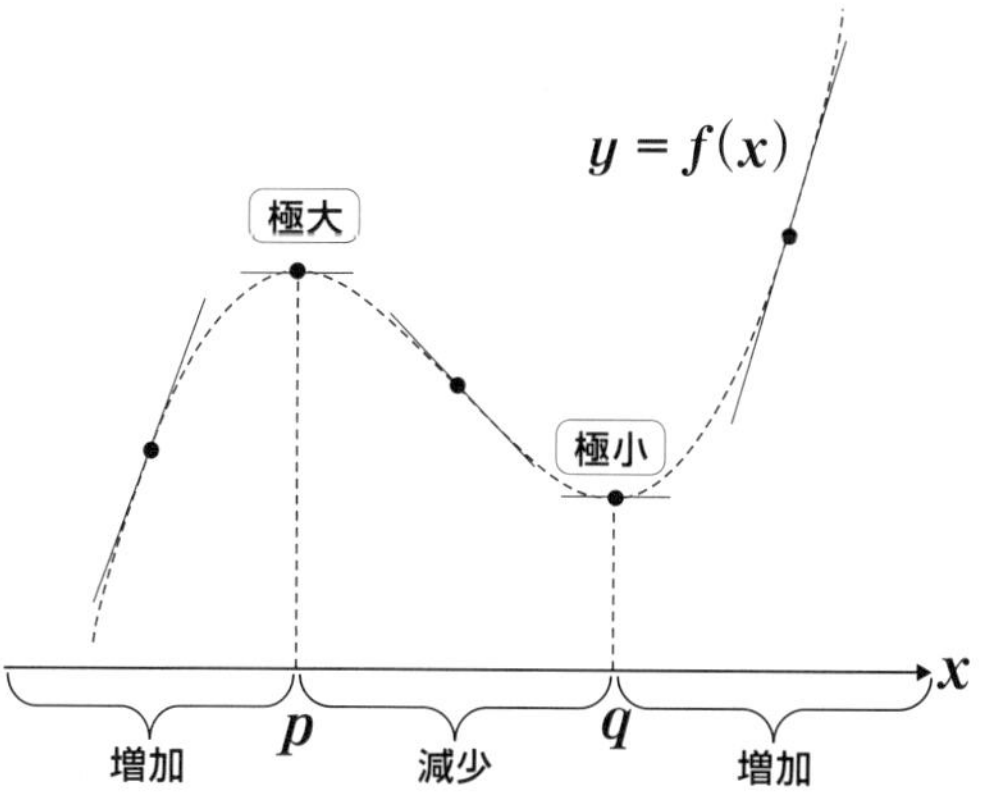

$x < p$ のとき増加
$x = p$ のとき極大
$p < x < q$ のとき減少
$x = q$ のとき極小
$q < x$ のとき増加

【増減表】

x	…	p	…	q	…
$f'(x)$	+	0	−	0	+
$f(x)$	↗	極大値	↘	極小値	↗

図 2-20

単なる「差」を示すときにだけ使います。

　こうした記号に慣れてくると、平均変化率（$\frac{\Delta y}{\Delta x}$）を求める区間（$\Delta x$）を限りなく小さくしたときの極限が接線の傾きであり、それを関数として捉えた直したものが導関数であることが直感しやすくなると思うのですが、いかがでしょうか（図2-19）。

増減表

　ある関数が微分できれば、そのグラフ上の任意の点における接線の傾きを求めることができます。前の二次関数の例では「$y=x^2$を微分する

と $y=2x$」すなわち「$y=x^2$ の導関数は $y=2x$」とわかったので、たとえば $y=x^2$ 上のx座標が10の点（10,100）における接線の傾きは、20であることがすぐに計算できます。

しかし、ある関数の導関数を求める目的は、接線の傾きを計算することだけではありません。

思い出してください。

そもそも接線というものに注目するようになったきっかけは何でしたか？　そうですね。未知の関数を調べようと思ったからでしたね。

そのときに活躍するのが**増減表**です。

図2-20でもわかるように、接線の傾きが正《せい》になる区間というのは、x（入力値）が大きくなるにつれてy（出力値）が大きくなる区間です。反対に、接線の傾きが負《ふ》になる区間では、xが大きくなるにつれてyは小さくなります。

前述の通り、導関数は接線の傾きを関数として捉えたものなので、ある関数を微分して導関数を求め、符号を調べればその関数がどの区間で増加して、どの区間で減少するかがわかります。なお関数が増加から減少に転じるときのyの値を**極大値**、減少から増加に転じるときのyの値を**極小値**と言います。

これらの情報をまとめたものが増減表です。

未知の関数について増減表が書ければ、xの値に応じてyの値がどのように変化するかがわかります。これは言い換えると、グラフの概形が書けるということです。

微分とは結局、ミクロの目（虫の目）で関数を見て、接線を求めたり、増減表を書いたりすることで未知の関数の正体を明らかにすることだと言えます。

積分とは？

さあ、ここからは積分に話題を移しましょう。

高校では微分→積分の順に習うこともあって、何となく微分が先に生まれてあとから積分が考え出されたのだろうというイメージを持っている人は少なくないと思いますが、歴史的には微分よりも積分のほうがうんと先に考案されています。

微分がその産声《うぶごえ》を上げたのは12世紀です。当時を代表する数学者であったインドのバースカラ2世（1114－1185）は、その著作の中で導関数に繋がる概念を発表しています。

一方の積分は、なんと紀元前1800年頃にその端緒を見ることができます。積分がなぜこんなにも早く生まれたかと言いますと、それはずばり面積を求めるためでした。

たとえば遺産相続のとき、相続する土地の面積をできるだけ正確に測ることが必要になるのは想像に難くありません。そんなとき、四角形や三角形ではない土地の面積をどうしたら求められるかを考えることから積分の基本的な考えは生まれました。ちなみに最初に今日の積分に繋がる**求積法**《きゅうせきほう》（面積を求める方法）を考えたのは、かのアルキメデス（紀元前287－212頃）です。

なぜニュートンとライプニッツが「生みの親」なのか？

このように積分は遅くとも紀元前3世紀までに、微分は12世紀に、お互いまったく影響しあうことなく別々に生まれた概念です。それにもかかわらず、微分・積分の創始者は17世紀のニュートンとライプニッツだということになっています。なぜでしょうか？

じつはこの2人の偉業は微分や積分を考えだしたことではなく、微分と積分を繋ぎあわせたことにあります。これによって接線の傾きや面積を求めるための計算技法に過ぎなかった微分と積分が、世界の真理を表現するための人類の至宝になりました。微分と積分は互いに関係しあうことで初めて本当の命を与えられると言っても過言ではありません。よって微分・積分の「生みの親」はやはりニュートンとライプニッツなのです。

では彼らが微分と積分に与えた「命」とは何だったのでしょうか？　それは「微分と積分は互いに逆演算の関係にある」という「**微積分の基本定理**」です。

「微積分の基本定理」についてはあとで詳しく説明しますので、ここでは微分と結びつく前の「積分」がどんなものであったかを見ておきましょう。

「微積分の基本定理」以前の積分

微積分の基本定理によって微分と積分が結びつく前は、「積分」とはすなわち面積を求めるための技法（求積法）のことでした。そしてその本質は細かく分けた面積の足し算を全体の面積だと考えることにあります。

ここでは２つ例をあげたいと思います。

(1) アルキメデスの求積法

古代ギリシャのアルキメデスは今で言う放物線と直線で囲まれた図形（図2-21上）の面積を求めるために、放物線の内部をどんどん三角形で埋め尽くすことを考えました（この

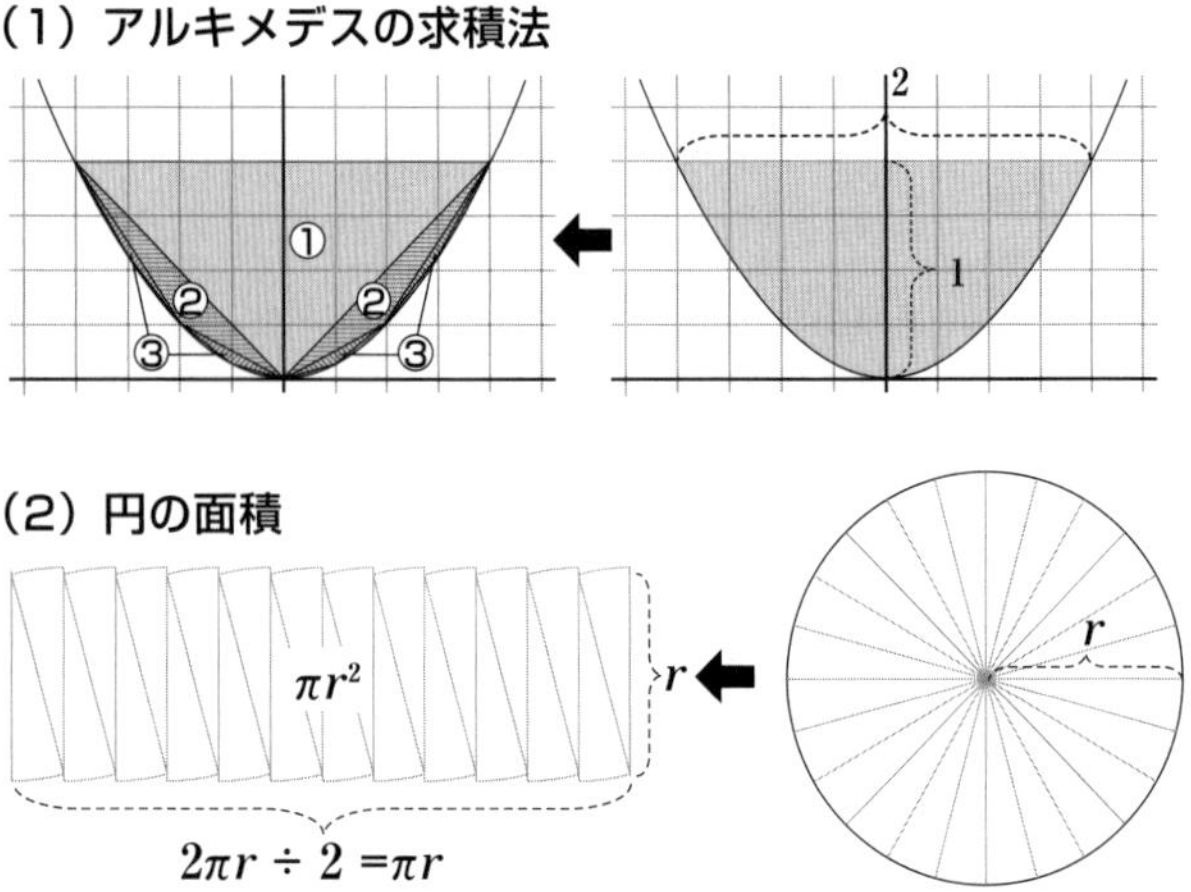

図 2-21

ような考え方を「取り尽くし法」と言います)。

詳しい計算の方法は割愛させていただきますが、アルキメデスは上の図のように①、②、③…と放物線の内部を三角形で埋め尽くしていくと、それらの三角形の和の極限(近づいていく値)は$\frac{4}{3}$になると結論づけました。

ただし、アルキメデスがこれを計算した当時は「極限」という概念が生まれるずっと前です。それなのに彼が「$\frac{4}{3}$」という「限りなく近づく値」にたどり着くことができたというのはまったく驚きです。

(2) 円の面積

もう1つの例は円の面積です。図2-21

下のように円を細い扇形に分け、２つずつ向きあわせて横に並べていくと長方形に近い形になります。ここで扇形を細くすればするほど長方形との誤差は小さくなるのは明らかですね。つまり扇形を限りなく細くすると、扇形を集めた図形は長方形に限りなく近づきます。この長方形の横の長さは、円周（直径×円周率）の半分に、高さは半径に等しくなるはずなので、円周率をπとすると、長方形の面積は「$\pi r \times r = \pi r^2$」です。よって円の面積も「πr^2」になることがわかります。

以上の説明は小学生や中学生に向かって円の面積が「半径×半径×円周率」で求められることの説明としてオーソドックスなものですが、**「細く分けたものを足しあわせて面積を求める」**という点で立派な積分だと言えるでしょう。

細かく分けて積み上げる

次のページ図2-22のグラフは、Ｆ１カーが最終コーナーを立ち上がってからメインストレートを走り抜けるまでの速度変化をまとめたものです。ちなみに秒速55ｍは時速１９８㎞、秒速85ｍは時速３０６㎞に相当します。さて、このＦ１カーが走り抜けた距離（移動距離）はどのように計算したらよいでしょうか？

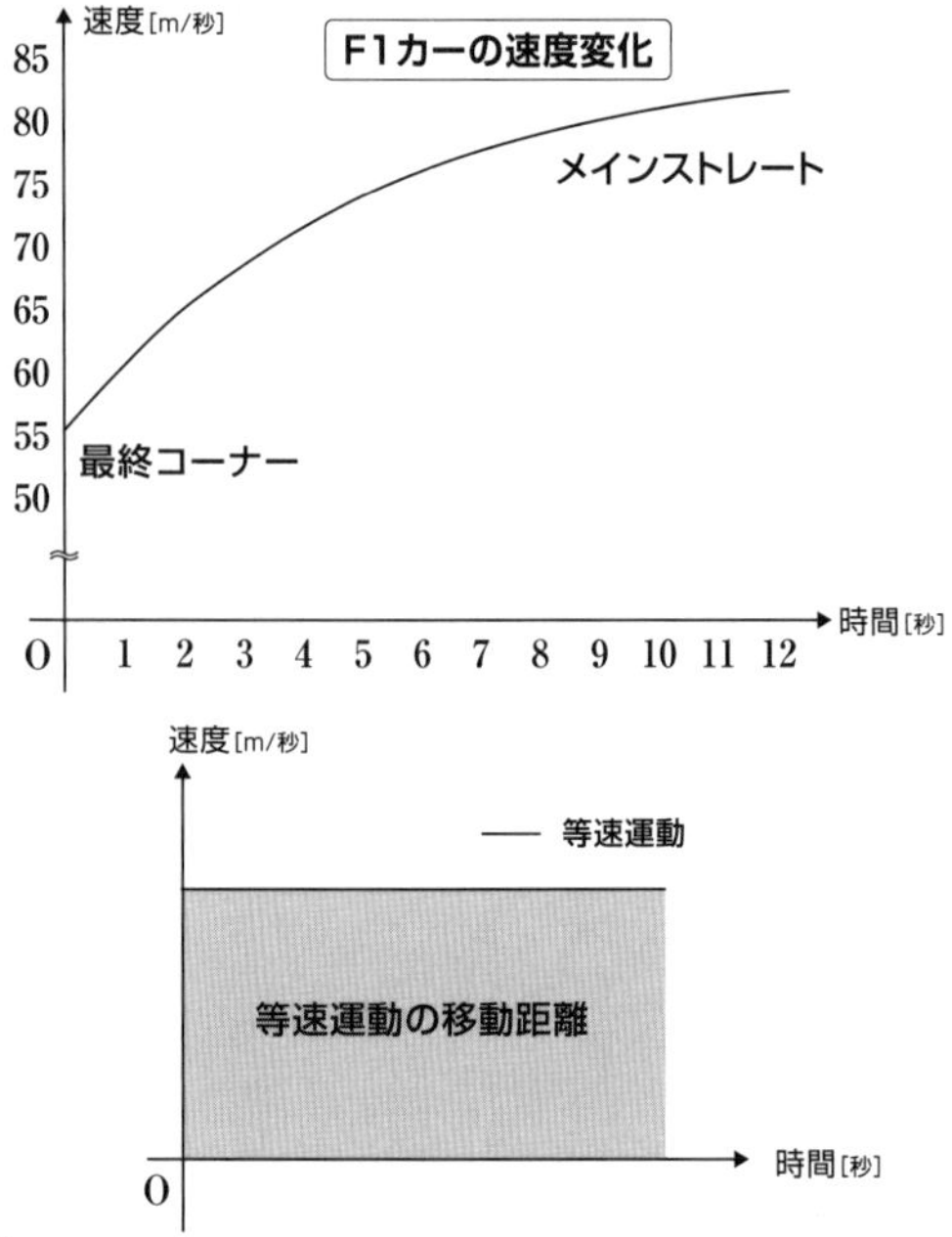

図 2-22

小学校のときに「距離＝速度×時間」という公式を習いました。「速度」というのは、単位時間（1秒とか1分とか1時間）あたりに進む距離のことなので、このような計算で進んだ距離がわかるのですね。ただし、この公式は等速運動でないと使えません。加速するF1カーのように、刻一刻と速さが変わってしまう場合の距離を求めるには工夫が必要です。

上のグラフは縦軸が速度、横軸が時間になっています。このようなグラフ（物理ではv-tグラフと言います）では等速運動の移動距離はちょうどグラフと軸で囲まれる長方形の面積になります。

これをF1カーのケースにも応用してみましょう。

F1カーの速度は徐々に（少し難しく言えば連続的に）変化します。しかし今はこの運動を、ごく短い時間の等速運動のあと、瞬時に速度を上げ、またごく短い時間の等速運動をしてから瞬時に速度を上げる……という段階的に速度を上げる等速運動の積み上げで近似します。

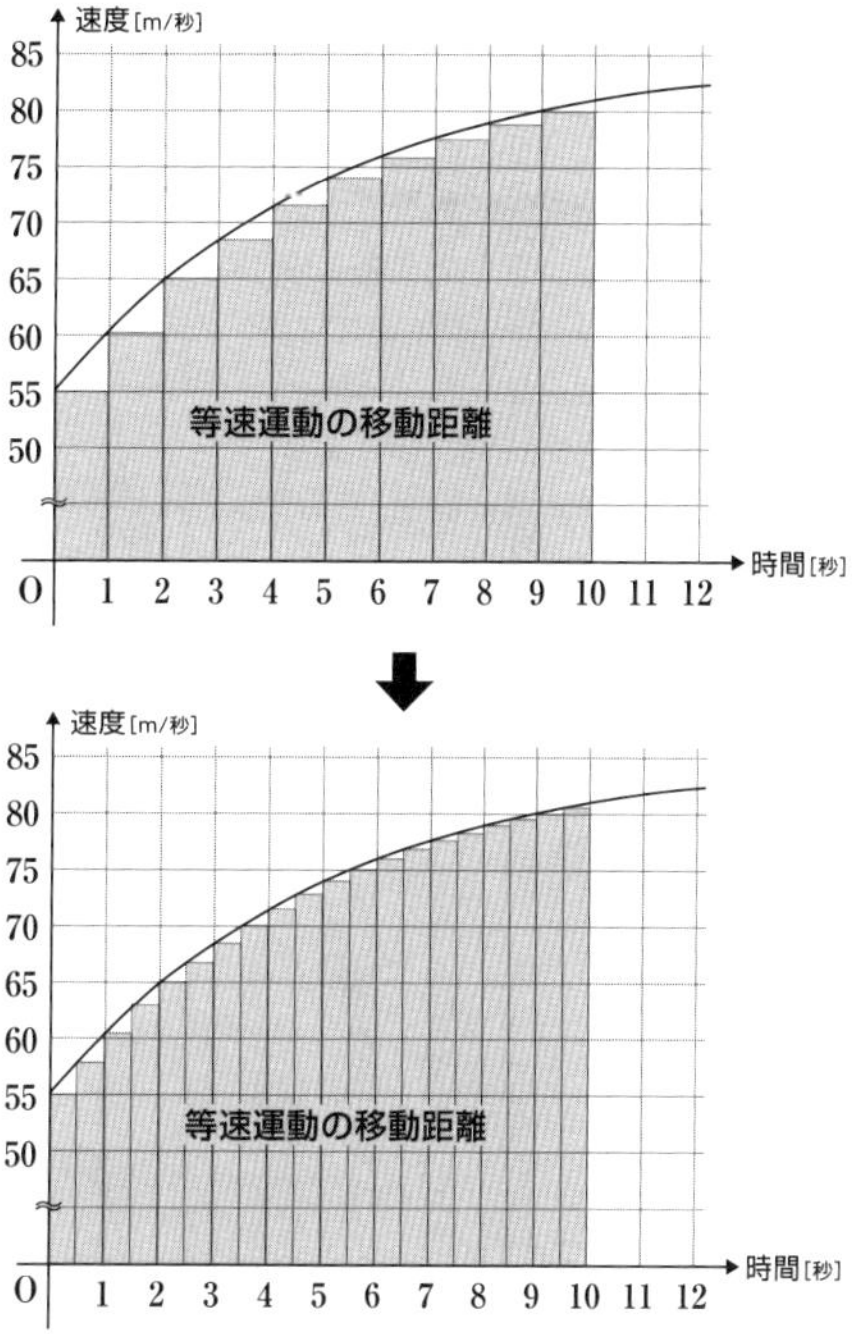

図 2-23

等速運動をしている物体の移動距離は長方形の面積で表せますから、図2-23のグラフにおける長方形の面積の和は、段階的に速度を上げる乗り心地の悪い等速運動の移動距離を表します。

ここで、それぞれの速度で等速運動をする時間すなわち長方形の横の長さを限りなく短くしていったらどうなるでしょうか？　傍目《はため》にはだんだん元のＦ１カーの動きと見分けがつかなくなってしまうと思いませんか？　実際、階段状のグラフはギザギザが目立たなくなって、最初のＦ１カーのグラフにほぼ重なります。

こうなってくると等速運動の積み上げによる近似の誤差は小さくなり、Ｆ１カーの移動距離は（それぞれの速度における）無数の等速運動の移動距離の和で精度よく近似できるでしょう。つまり、Ｆ１カーの移動距離はごくごく細長い長方形の面積の和に限りなく近くなります。

ここで多くの方が「ごくごく細長い長方形の面積の和」とＦ１カーのグラフと軸で囲まれた図形の面積はほとんど等しいに気づかれると思います。

結局、徐々に加速するＦ１カーの移動距離は、グラフの曲線と軸で囲まれた図形の面積になり、その面積は限りなく細長い長方形の面積の和で求められることがわかりました。

このように、**限りなく小さく分けた図形を積み上げて、面積を求めること**こそ「**積分**」の本質です。

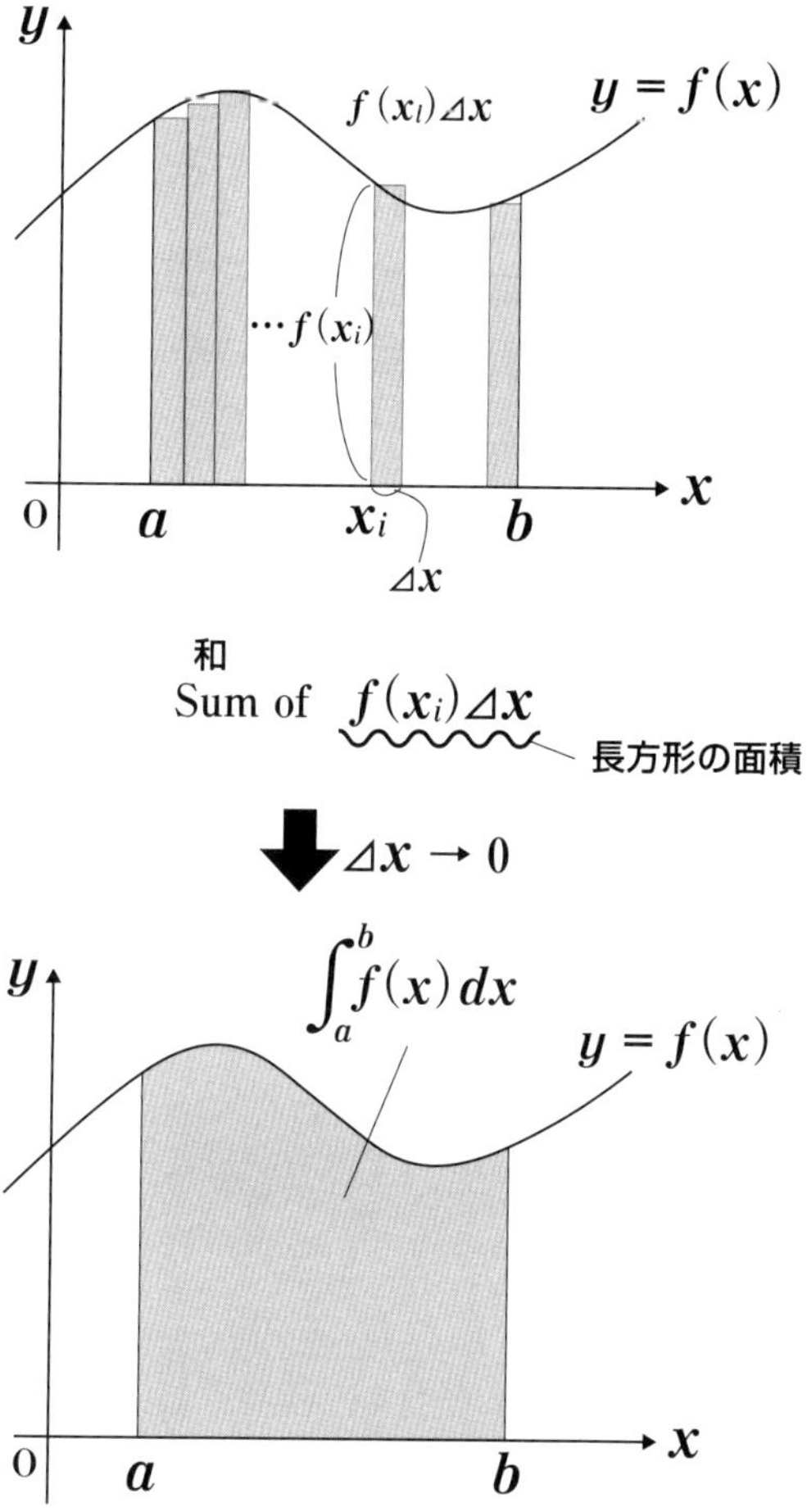
y
$y = f(x)$
$f(x_l)\Delta x$
$\cdots f(x_i)$
0
a
x_i
b
x
Δx
和
Sum of $f(x_i)\Delta x$
長方形の面積
$\Delta x \to 0$
y
$\int_a^b f(x)\,dx$
$y = f(x)$
0
a
b
x

図 2-24

積分を表す記号と不定積分

積分を表す記号も、小さく分けたものを積み上げるという積分の本質を表すように考えられています。

図2-24のように、$y=f(x)$ のグラフとx軸で挟まれた図形のうち $x=a$ から $x=b$ までの区間の面積を $\int_a^b f(x)dx$ と表します。この表し方は、$x=x_i$ のところにある長方形の横の長さをΔxとすると、この細長い長方形の面積が $f(x_i)\Delta x$ であり、これらを足し合わせたものが **Sum of** $f(x_i)\Delta x$ と書けることに由来します。S字フックが上下にビヨーンと伸びたような「$\int$《インテグラル》」の記号は、「和」を表す「Sum」の頭文字に着想を得たと言われています。ちなみにこの記号もライプニッツが考案したものです。

さて、ここで面積を考える区間の一端を**変数のx**にさせてください。

そうなるとxには色々な値が入りますので、面積は定まった値にはなりません。そこでこれを**不定積分**と呼びます（図2-25）。

高校数学をきちんと学ばれた読者の方は、「あれ？　不定積分っていうのは∫の上下に何も書かない『$\int f(x)dx$』のことを言うんじゃないの？」と思われたかもしれません。

確かに、高校の数学の教科書にはそのように書いてあるのですが、これは微積分の基本定

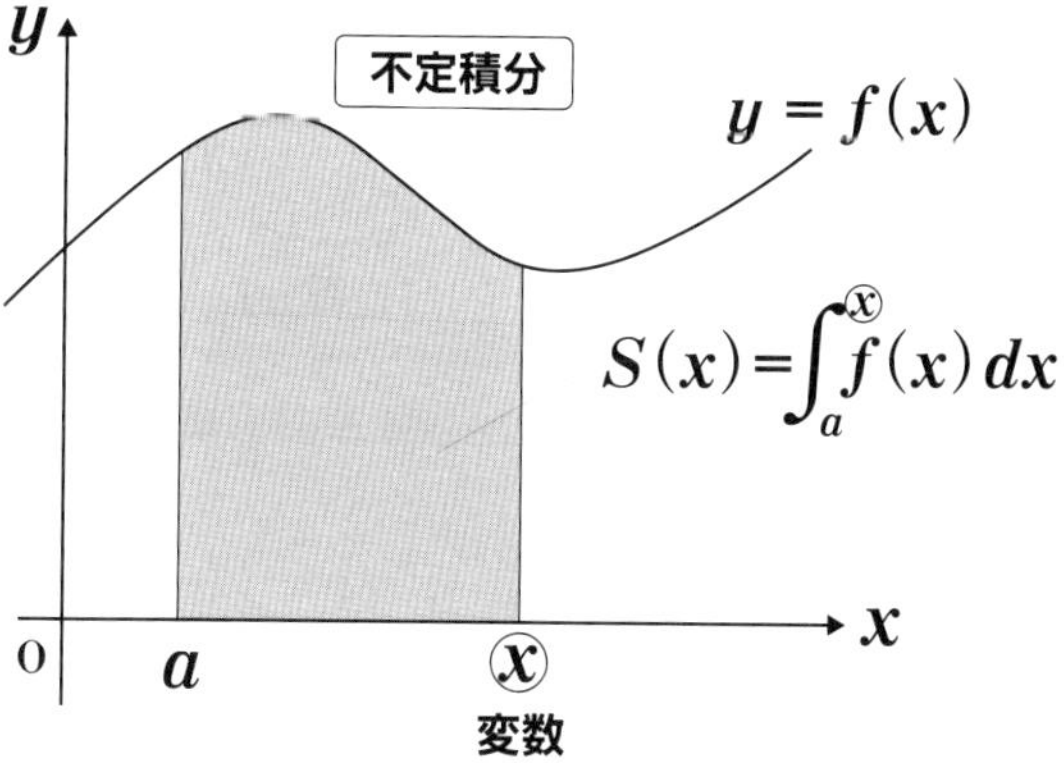

図 2-25

理によって積分が微分の逆演算であることがわかってから初めて許される表し方です。本来、不定積分は、微分とはまったく関係なく定義されるものです。

　さらに変数 x の値が具体的に決まれば、面積も1通りに決まることにも注目してください。面積を考える区間の一端を x にすると、面積が x の関数になるというわけです。ここではこれを $S(x)$ と書くことにしましょう。

原始関数

　次に微分の**逆演算**を考えます。「演算」というのは、広い意味での計算のことだと思ってください。そして「逆演算」とはある演算（計算）によって得られた結果を

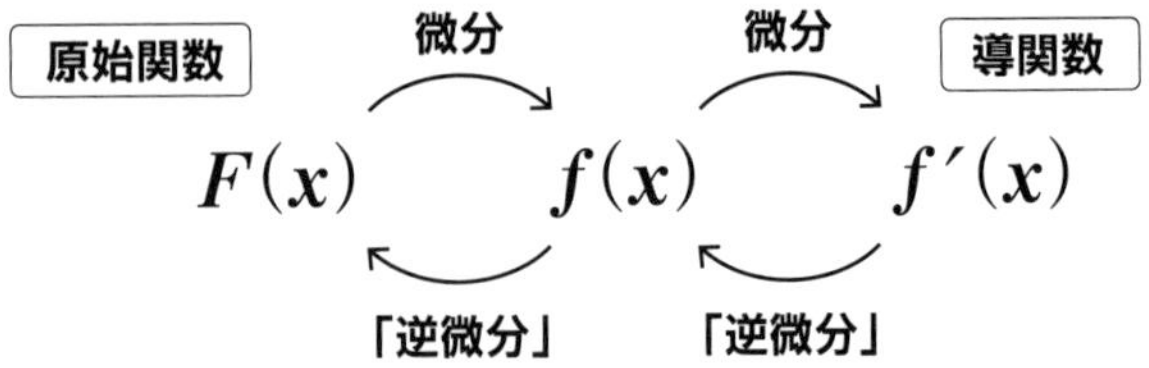

図 2-26

元に戻す計算のことを言います。たとえば、足し算の逆演算は引き算です。AにBを足した結果がCならば、CからBを引くと元のAに戻りますね。同じく、掛け算の逆演算は割り算です。

ある関数 $f(x)$ に微分という演算を行なうと導関数 $f'(x)$ が得られます。ということは、導関数 $f'(x)$ に微分の逆演算を行なえば、$f(x)$ に戻ります。そこで、$f'(x)$ を $f(x)$ に戻すような計算をひとまず「逆微分」と呼ぶことにしましょう。

ではこの「逆微分」という演算を、元の関数 $f(x)$ に対して行なうとどうなるでしょうか？　何か新しい関数が得られそうですね。しかもその関数は $f(x)$ を「逆微分」すると得られる関数なので、反対にそれを微分すれば $f(x)$ に戻るはずです。

一般に、微分すると $f(x)$ になる関数のことを「**原始関数**」と言います。$F'(x)=f(x)$ ならば $F(x)$ は原始関数です。イメージとしては、ある関数 $f'(x)$ は $f(x)$ の子孫、原始関数$F(x)$は$f(x)$の祖先といった感じです（図2－26）。

ところで、先ほど、元の関数$f(x)$に「逆微分」を行なうと新しい関数が得られそうだと書きましたが、実際にはこれはとても難しい計算であることがおわかりでしょうか？

微分は接線の傾きを関数として捉えることができればよいので、接点をxに置き換えて平均変化率の極限を求めればそれで終わりです。しかし「逆微分」のほうは接線の傾きについての情報を頼りに元の関数の正体を突き止めることになるので簡単ではありません。私の数学の先生は、**「世の中の99％の関数はその原始関数がわかりません」**とおっしゃっていました。原始関数が求められるのは教科書に出てくるような有名な関数とその周辺に限られると言っても過言ではないくらいです。

たとえるなら、微分によって導関数を求めるのは、ジグソーパズルをバラバラにして一つひとつのピースを丁寧に調べるようなものであるのに対し、「逆微分」によって原始関数を求めるのは、バラバラにされたジグソーパズルのピースから元の絵を復元するようなものです。ジグソーパズルをバラバラにするのは誰にでもできますが、バラバラのピースから元の絵を復元するのは、元の絵柄についての知識（有名建造物とか景色とかアニメキャラとか）がないと難しいですよね？

微積分の基本定理

不定積分と原始関数についてわかったところで、いよいよ「人類の至宝」である微積分学の基本定理についてお話しししていきます。

もう一度確認をしておくと、$f(x)$ の不定積分というのは $y=f(x)$ のグラフとx軸で挟まれた図形の面積をxの関数にしたものです。一方、$f(x)$ の原始関数というのは、微分すると $f(x)$ になる関数のことです。

ここで重要なのは、不定積分の定義には積分（細かく分けたものを積み上げて面積を求めること）だけが登場し、原始関数の定義には微分（平均変化率の極限として得られる接線の傾きを関数として捉えること）だけが登場するという点です。ここまで、不定積分と原始関数には何の関連もありません。

「不定積分＝原始関数」であることがわかるとなぜ素晴らしいのか

アルキメデスの時代から細かく分けて積み上げるという方法（取り尽くし法）によって曲線を含む図形の面積が求まることはわかっていましたが、その計算は決して楽ではありませんでした。精度を良くするためには、できるだけ細かく分ける必要があるのですから、一つひとつを計算して足し合わせるのが大変なのは当たり前です。

ところが、ニュートンやライプニッツによる**「微積分の基本定理」の発見によって、ある関数の不定積分と原始関数は同じものであることがわかりました。**つまり原始関数を求めるための演算である**「逆微分」は「積分」**だったというわけです。

もちろん、先ほども書いたようにそもそも原始関数を求められない関数は少なくありません。しかし、原始関数がわかる関数のグラフで囲まれた図形の面積を求めるときには、無数の細い長方形の面積を足し合わせることなく、原始関数のxに面積を知りたい区間の端点を代入するだけでよいのです。これはまさに画期的なことでした。

微積分学の基本定理によって、微分の逆演算（逆微分）は積分になることがわかりました。これは、**微分というミクロの視点（虫の目）で微小な変化を捉えることができれば、その視線の逆をたどることで全体を俯瞰するマクロの視点（鳥の目）が手に入ることを意味します。**

たとえば山の天気。一般に山の天気は変わりやすいので、ある時点の天気の状態から半日後の天気を予想するのは難しいです。でも、1秒後とか0・5秒後の天気はわかりますね。今晴れているのならきっと1秒後も晴れでしょう。

微積分の基本定理は、1秒とか0・5秒の間のほんの僅《わず》かな変化——気温や湿度や風向きの変化——が捉えられれば、そこから半日後や明日の山の天気を予想できる可能性があることを示唆しています。しかし現実の天気予報は外れることがあります。微小な変化は捉えられるのに、全体を把握することができないわけです。

これだけ科学技術が発展しているのに、いまだに明日の天気さえ予想できないなんておかしいと思われるかもしれませんが、天気予報の難しさとはすなわち原始関数を求めることの難しさです。これについては、のちほどコラムで詳しくお話しします。

微積分の基本定理の証明

いよいよ微積分の基本定理を証明していきましょう。と言っても、厳密な証明は本書のレベルを超えてしまうので、ここでは不定積分＝原始関数といえる根拠の概略を短く紹介するだけに留めたいと思います。厳密さはひとまず横に置いておいて、雰囲気を味わってもらえたら嬉しいです。

$f(x)$ の不定積分というのは $y=f(x)$ のグラフとｘ軸で挟まれた図形の面積をｘの関数に

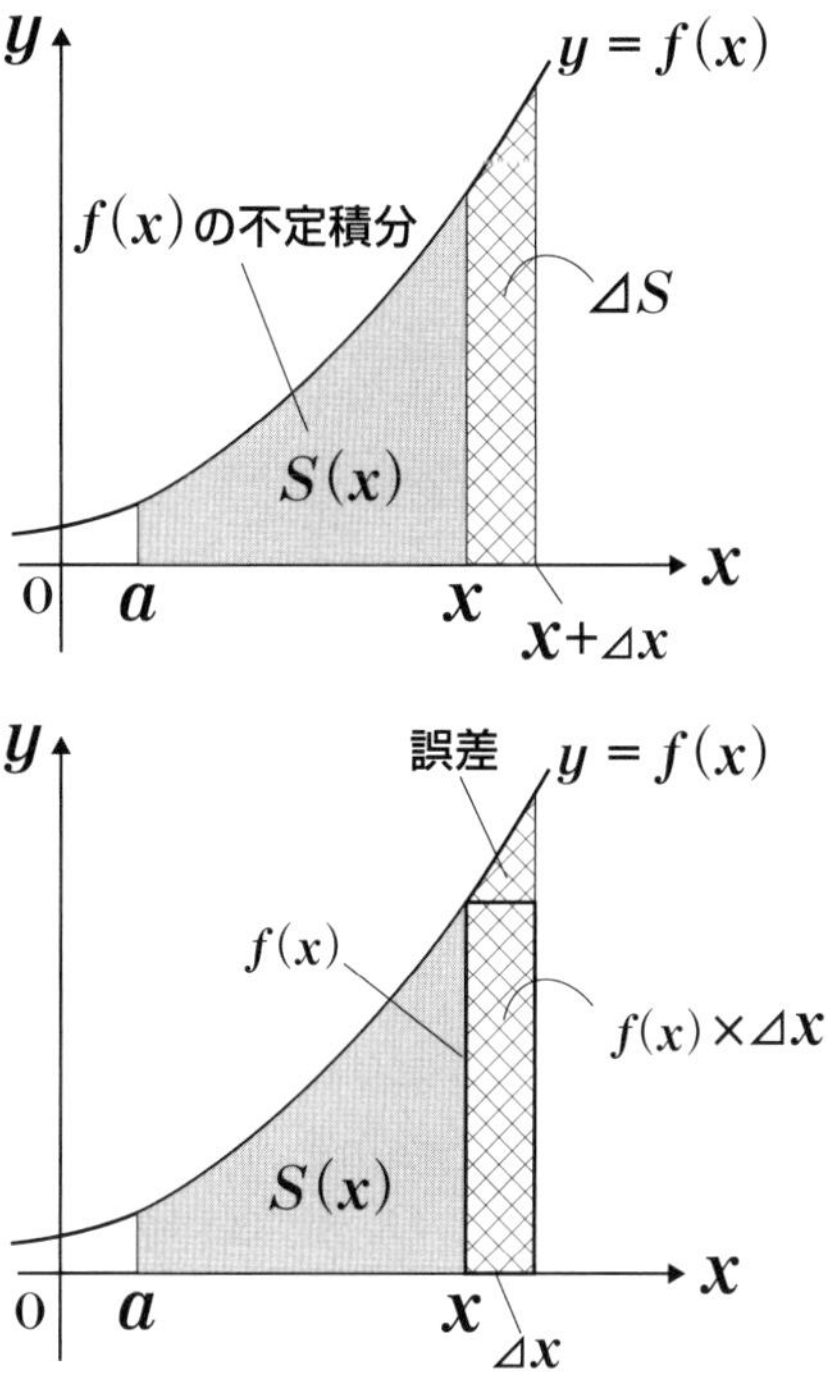

$$\varDelta S \fallingdotseq f(x)\varDelta x \xrightarrow{\varDelta x \to 0} dS = f(x)dx$$

$$\Rightarrow \frac{dS}{dx} = f(x)$$

$$\Rightarrow S'(x) = f(x)$$

$\therefore S(x)$は$f(x)$の原始関数

図：2-27

したものでしたね。ここではこれを$S(x)$と書くことにします。一方、$f(x)$の原始関数とは、$F'(x)=f(x)$となる$F(x)$のことでした。

$f(x)$の不定積分である$S(x)$を微分すると$f(x)$になると言えれば、すなわち$S'(x)=f(x)$であることがわかれば、**不定積分＝原始関数**であることを示せたことになります。

まず、面積を考える一端のxを少しだけ（Δxだけ）増やし、それによって増えた面積をΔSとします。図2-27にあるようにこの面積の増加分は、縦が$f(x)$で横がΔxの長方形の面積｛$f(x)\Delta x$｝にほぼ等しいですね。もちろん、厳密にはΔSと長方形の面積には誤差があります。しかし、Δxが小さくなればなるほど、その誤差が0に近づくことは明らかです。つまり、Δxを限りなく小さくしたときのΔSと長方形の面積の極限は同じです。このことを、ライプニッツの記号を使って、$dS=f(x)\,dx$と書くことにしましょう。そうすると、$\frac{dS}{dx}=f(x)$が得られます。すなわち、$S'(x)=f(x)$となり、不定積分＝原始関数であることがわかります。

微積分学の基本定理の実践（1）

先ほど、最終コーナーからメインストレートを走り抜けるF1カーのv-tグラフ（速度

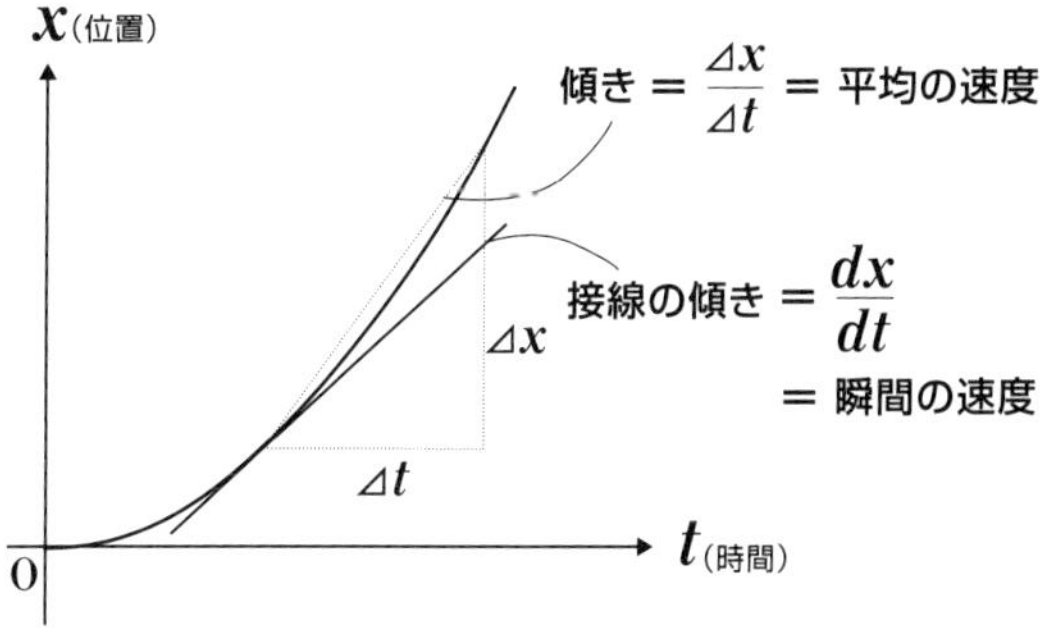

図 2-28

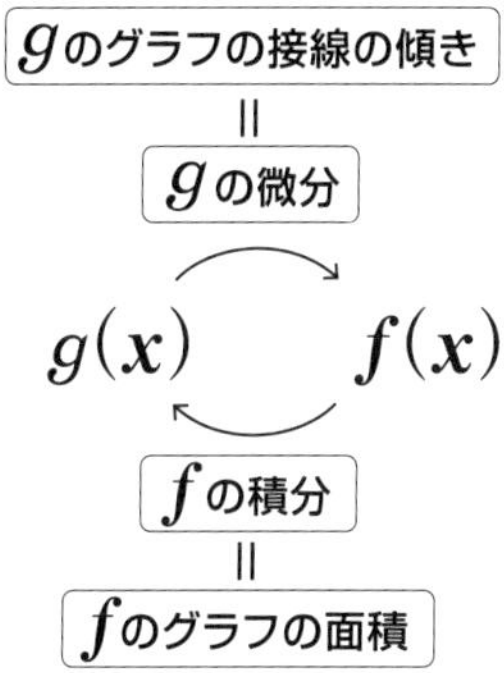

図 2-29

と時間のグラフ）の面積が移動距離になりました。これは偶然ではありません。

一般に、物体の移動距離と時間のグラフ（x‐tグラフと言います）において、2点間の傾き（平均変化率）はその区間の平均速度になります。そして、区間の幅を小さくしていくと、平均速度は限りなく「瞬間の速度」に近づいていきます。平均変化率の極限は接線の傾きですから、x‐tグラフの接線の傾きはその時点での「瞬間の速度」を表しているというわけです（図2‐28）。

「瞬間の速度」が刻一刻と変わっていく様を表すv‐tグラフは、x‐tグラフにおける接線の傾きの変化を捉えたものと言えます。接線の傾きの変化を関数として捉えたものが導関数でしたね。つまり時刻tにおける（瞬間の）速度$v(t)$は位置$x(t)$の導関数であると言えます（$x'(t)=v(t)$）。言い換えれば、$x(t)$は$v(t)$の原始関数です。

そして、微積分学の基本定理より、原始関数＝不定積分なので、$x(t)$は$v(t)$とt軸に挟まれた図形の面積（を関数として捉えたもの）でもあります（$x(t)=\int_a^t v(t)dt$）。

以上より、v－tグラフの面積は移動距離を表すことがわかります。

じつはこのような例は物理においても、経済においても、建築においても枚挙《まいきょ》に暇《いとま》がありません。

ある関数fが別の関数gの接線の傾きであることがわかれば、gの値はfのグラフの面積として表現できるわけです（図2-29）。

微積分学の基本定理の実践（2）

高校の数学Ⅱで学ぶx^nの微分公式をご存知の方は、円の面積を微分すると円周の長さになることに気づかれたかもしれません。一見不思議なようですが、微積分の基本定理を使うとこれは「当たり前」であることがわかります。

円の面積　　円周

微分公式 $(x^n)' = nx^{n-1} \Rightarrow (\pi r^2)' = 2\pi r$

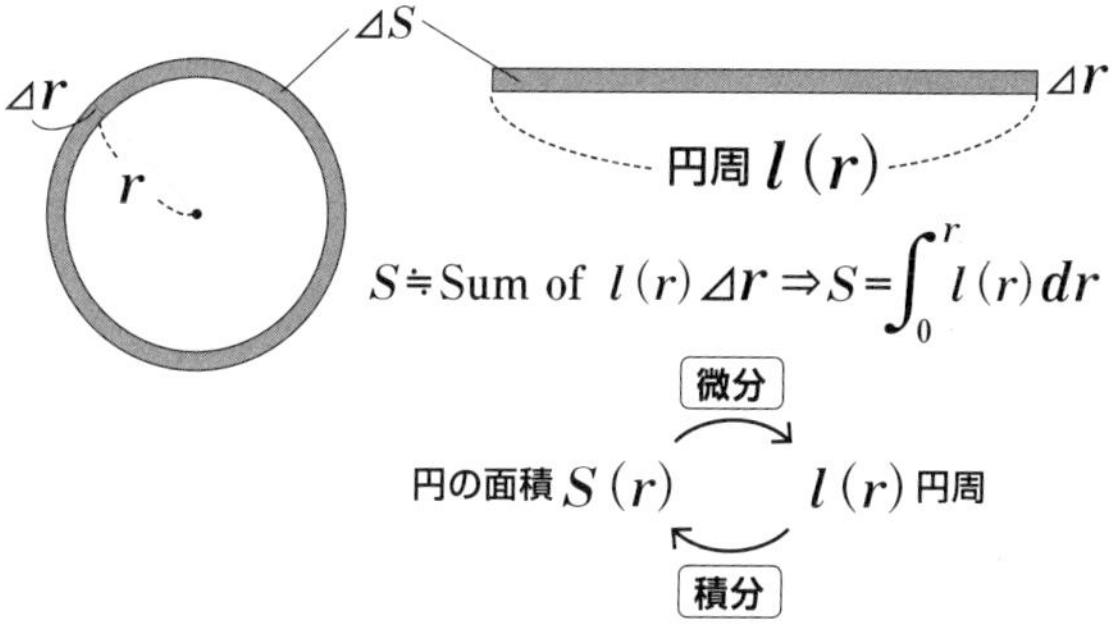

図 2-30

半径rの円の外側に半径を少しだけ（$\varDelta r$だけ）延ばした同心円（中心が同じ円）を考え、半径を増やすことで増えたドーナツ状の部分の面積を$\varDelta S$とします。すると$\varDelta S$は近似的に、横の長さが円周、縦の長さが$\varDelta r$の長方形の面積に等しいことがわかります。円周を半径rの関数として$l(r)$と書くことにすると$\varDelta S \fallingdotseq l(r)\varDelta r$です。

細いドーナツ状の部分の面積を集めれば、円の面積にだいたい等しくなることは明らかなので円の面積$S(r)$はほぼ「Sum of $l(r)\varDelta r$」であり、円周の（不定）積分は円の面積であると言えます。微積分の基本定理より、これは**円の面積を微分すると円周になる**ことを意味します（図2-30）。

同じことを球についても行なってみましょ

球の体積

$$\left(\frac{4}{3}\pi r^3\right)' = 4\pi r^2$$

球の表面積

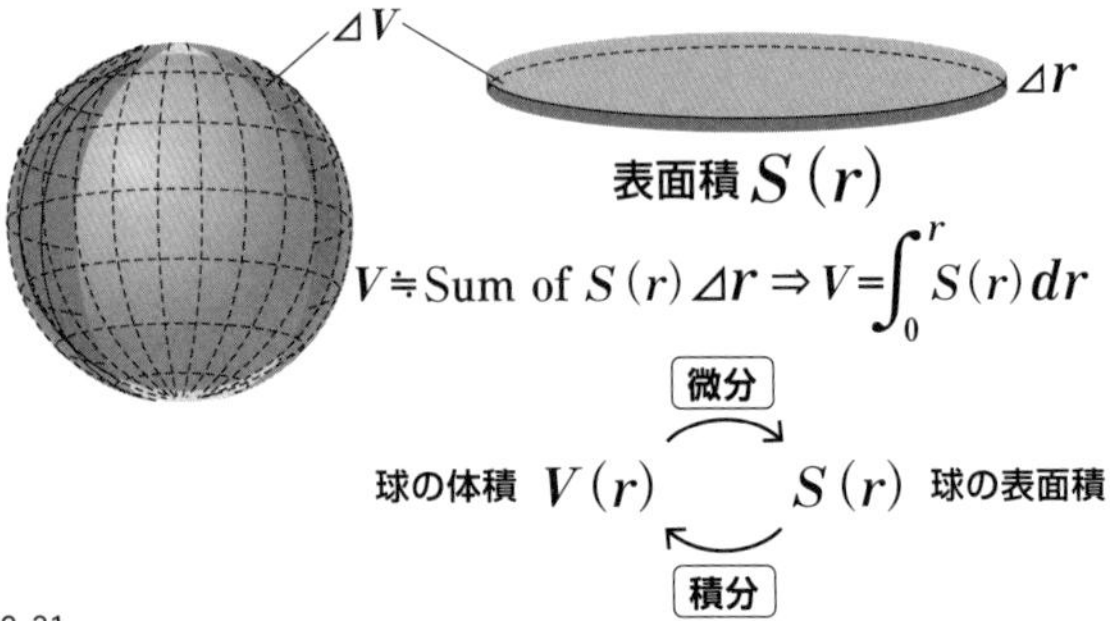

図 2-31

う。

今度は球の外側に半径を少しだけ延ばした同心球（中心が同じ球）を考えて、半径を増やすことで増えたタマネギの薄皮状の部分の体積をΔVとします。すると、ΔVは近似的に、底面積が表面積に等しく、高さがΔrの円柱の体積に等しくなります。

ここで、球の表面積を半径rの関数として$S(r)$と書くことにすると、$\Delta V \fallingdotseq S(r)\Delta r$ですね。タマネギの薄皮状の部分の体積を集めれば、球の体積にだいたい等しいので球の体積$V(r)$はほぼ「Sum of $S(r)\Delta r$」であり、Δrを限りなく小さくしたときの極限は球の体積であることから、表面積の（不定）積分は球の体積になります。よって、微積分の基本定理より、**球の体**

積の導関数は表面積です（図2-31）。

球の体積を積分によって求める方法は、理系の高校3年生が学ぶ数学Ⅲの内容ですが、表面積が$4\pi r^2$になることを積分によって直接求めることは難しく、大学で学ぶ「面積分」という技法が必要になります。しかし、このようにタマネギの薄皮の積み上げで球の体積が求まることと、微積分の基本定理を使えば、体積を微分することで表面積を求めることができます。

あるものの正体はわからなくても、それを積み上げたものが何であるかがわかれば、積み上げたものを微分する（細かく分ける）ことで「あるもの」の正体を突き止めることができるというわけです。

一般に、未知の関数の導関数を含む方程式を**微分方程式**と言い、未知の関数の不定積分を含む方程式を**積分方程式**と言います。

微分方程式から未知の関数が何であるかを求めるためには、積分を行なう必要があるため難しいことが多く、そもそも未知関数が求められない微分方程式もたくさんあるのですが、積分方程式から未知関数を求めるのは、微分を行なえばよいだけなので、ふつうは簡単です。

Column

天気予報が当たらない理由

「明日は警報級の大雪になります」とか「大型の台風が上陸する恐れがあります」といった天気予報が出て、前日から早々と鉄道の運休や間引《まび》き運転が決まったり、学校の休校が決まったりすることがたまにありますね。でもこういう予報が出て本当に大雪になったことって少ない気がしませんか？

科学技術が発達し、ＡＩが第四次産業革命を牽引する現代社会でありながら、いまだに明日の天気についての予想すら外れてしまうのはなぜでしょうか？

天気予報の難しさ

天気というのは、すなわち大気の状態のことですから、これを物理的に解析するには、いわゆる「流体力学」と言われる物理が必要になります。この流体力学の基本となるのが「**ナビエ・ストークスの方程式**」と呼ばれる微分方程式です。この方程式に含まれる未知関数がわかれば、私たちは天気の現況から天気についての未来を完全に把握することができます。そのためには積分を行なって原始関数を求める必要がありますが、まだその方法は見つかっていません。

スーパーコンピュータの出番

ナビエ・ストークスの方程式を積分して未知関数を求めることは難しい(そもそも不可能かもしれません)ので、現在は、

・質量保存則
・熱エネルギー保存の法則
・水蒸気保存の法則
・気体の状態方程式

等を加味しながら、この方程式の「解」＝「未知関数」を近似的に求めることをしています。これを数値シミュレーションと言いますが、数値シミュレ

Column

ーションには膨大な計算が必要になるので、スーパーコンピュータが使われます。

天気予報の難しさに追い打ちをかけるかのように、ナビエ・ストークスの方程式は、いわゆる「非線形微分方程式（1次式ではない微分方程式）」であるために、初期値のわずかな誤差が非常に大きなズレになってしまう（バタフライ効果）という困った特性を持っています。

解（未知関数）を数値シミュレーションによって近似的に求めるには、気圧、気温、風などのデータが必要になりますが、測定値にわずかな誤差があると、バタフライ効果によって予報は大きくズレてしまうのです。スーパーコンピュータをもってしても2週間以上先の天気を予報することはほぼ不可能と言われています。

バタフライ効果

バタフライ効果は「ブラジルで蝶が羽ばたくと、テキサスでトルネードが起きる」などと表現され、通常なら無視できると思われるようなきわめて小さな変化が、やがては無視できない大きな影響を及ぼすことを指します。ブラジルで蝶が羽ばたくという、取るに足りない小さな出来事さえ、やがてテキサスでトルネードが起きるというような大規模気候変動に影響を与える可能性があるのだから、正確な未来予想は不可能だということを示す比喩です。

とにもかくにも、数値シミュレーションによって近似解を求める際には誤差をいかに小さくするかが大きな課題となります。加えて、海上と高層大気の観測データが不足していることも数値シミュレーションによる予報をさらに難しくしています。

いつの日か、ナビエ・ストークスの方程式の一般解が求められるようになって天気予報が必ず的中する時代が来るかもしれません。

でもそうなったら、大安の日曜日で天気予報が晴れの日の結婚式場の予約はまず取れないでしょうね。それに思いがけず夕立に降られた後にふっと空を見たら虹がかかっていた……なんていう感動もなくなってしまうかもしれません。

第3章

線形代数

線形代数とは

「線形代数」と聞くと、「統計」や「微分積分」よりも一層難しそうなイメージを持っている方は多いのではないでしょうか？　「線形代数」という用語は高校までの教科書には登場しませんし、文系の方の多くは線形代数の主役である「行列」に触れたことがないからだと思われます。

余談ですが、過去の学習指導要領を紐解《ひも》くと、「行列」ほどその扱いが変わった単元は他にありません。１９７０年告示（１９７３年施行）の学習指導要領では、「数学一般」「数学ⅡA」「数学ⅡB」「応用数学」という各科目に「行列」に関する単元が盛り込まれました。当時の高校数学では、行列はいわば花形的な存在だったのです。次の１９７８年告示（１９８２年施行）の指導要領では「代数・幾何」という科目に集約されたものの、「行列」が高校２年生までに学ぶ重要な単元であったことは変わりません。

しかし、その後「行列」は理系だけが学ぶ単元となり、２００９年告示（２０１２年施行）の指導要領ではついに、行列という単元が高校数学から完全に姿を消してしまいました。２０１５年以降に高校を卒業された方は（理系であっても）、高校の教科書で行列を目にしたことはないはずです。

代数とは

前に、方程式を扱う代数学は、数学の3大分野の1つであると書きました。もう少し詳しく言いますと、「**代数**」というのは、数字の代わりに文字（アルファベット）を使い、数の性質や関係を研究する数学のことを指します。中でも**未知数を文字で表すことによって方程式を立てて解く方法とそこから発展した数学全般**が代数学の中心です。

$$\begin{cases} x-2y+3z-4w=-10 \\ -2x+3y+5z-7w=-9 \\ 3x-5y+z+2w=4 \\ -x-6y-2z+6w=5 \end{cases}$$

図 3-1

数学では、掛け合わせた文字の個数を次数《じすう》と言います。そして、未知数の次数がｎ次のものを「ｎ次方程式」と呼びます。たとえば「$2x+1=5$」は１次方程式、「$x^2-5x+6=0$」は２次方程式です。

線形代数ではとくに１次方程式の解法について深く掘り下げます。

「１次方程式？　そんなの中学生でも解ける簡単な問題じゃな

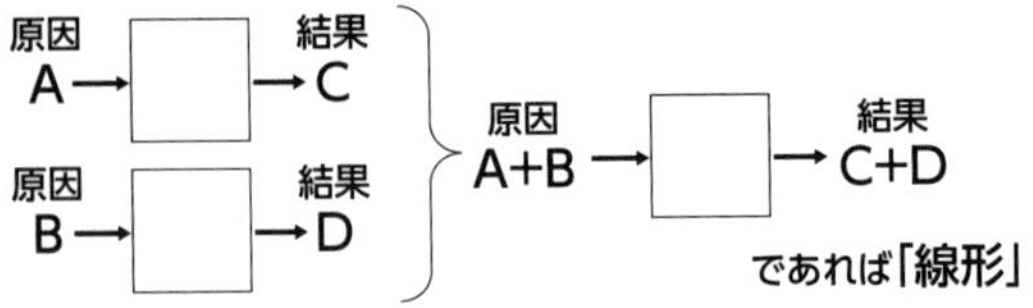

図 3-2

い？」と思われるかもしれませんが、同じ1次方程式でも複数の未知数を含む**連立方程式**を解くことは、図3－1のように未知数の数が多くなると決して簡単ではありません。

では1次方程式の解法を研究する数学をなぜ「線の形」の代数と言うのでしょうか？

線形とは

2つの原因AとBが共存するとき、その結果がAの結果とBの結果の和となるなら、この原因と結果の関係は線形であると言います。「重ね合わせの原理」が成り立てば線形である、と言ってもいいでしょう（図3－2）。

別々の方向からやってきた2つの波が出合うと、重なり合って波の形が変わりますが、そのときの波の高さは、それぞれの波の高さを足したものになります。これが「重ね合わせの原理」です。

たとえば、5000円の革靴と7000円の革靴を買うと、料

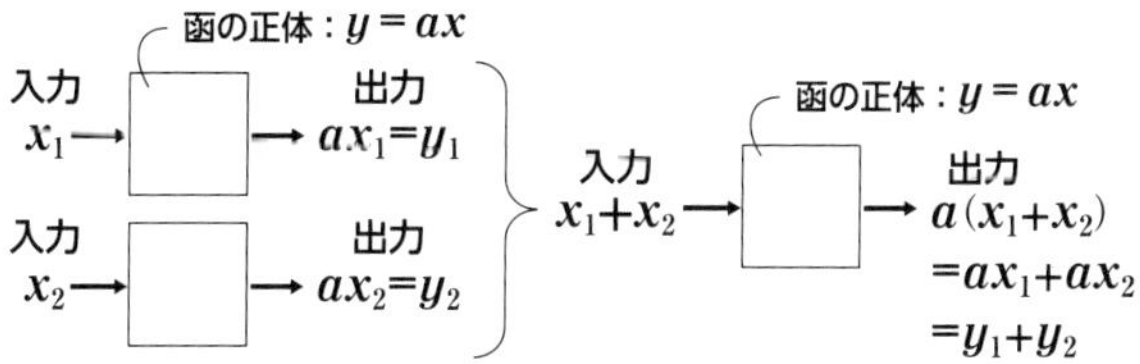

図 3-3

金は1万2000円になります（当たり前です）。この場合の料金は、それぞれを単独で買った場合の合計になっているので「線形」ですが、量販店などでは「2足目は半額」のようなセールを行なっている場合があります。そうすると7000円のほうは3500円で買えて、料金は合計8500円となり、それぞれを単独で買った場合の合計より安くなります。このような場合は「非線形」です。

同じように、月額1000円のサブスクリプションサービスを契約し、1年分を一括で支払う場合、単に12ヵ月分の利用料（1万2000円）がかかるのならその料金システムは「線形」ですが、「一括でお支払いいただく年額プランは1万円です！」のような場合は12ヵ月分の利用料が1ヵ月分の利用料の12倍になっていないので「非線形」です。

後者の例から「比例の関係になっていれば『線形』なのね」と思われた方は鋭いです。その理解はまったく正しいです。

比例の関係というのは、一方が2倍、3倍……と変わるとき、他方も2倍、3倍……と変わる関係のことを言うのでしたね。一般に変数yが変数xに比例するときは「$y=ax$」と表せます。このとき「$y_1=ax_1$，$y_2=ax_2$」であれば、「$y_1+y_2=a(x_1+x_2)$」が成り立ちます。これこそが線形です（図3-3）。

正確にいうと、ある関数（変換）fについて、次ページの2つの関係が成り立つときfは線形であると言います。

結局、入力がxで出力がyであるとき、上の①と②を満たす関係=比例の関係であり、比例関係を表すグラフは座標平面上の（原点を通る）直線になります。これが「線形」という名前の由来です（図3-4）。

ちなみに、$y=f(x)$のグラフが2次関数のように曲線になるときは、①や②の関係は成り立ちません。また、グラフが直線になっても、$f(x)=x+1$のようにそれが原点を通らないときはやはり①や②の関係が成り立たないので、この場合のfも「線形」とは言えません。

複数の入力値によって、出力が決まる関数

これまでに登場した関数はすべて、入力値を1つ決めれば、出力が1通りに決まるものばかりでした。しかし、現実には複数の数値を入力しないと出力が決まらないものもあります。

たとえば、センター試験のあとを受けて2021年から実施されている「大学入学共通テスト」の英語には、リーディング（筆記）のテストとリスニングのテストがあり、両方の点数を足したものが英語の得点になります。リーディングの点数とリスニングの

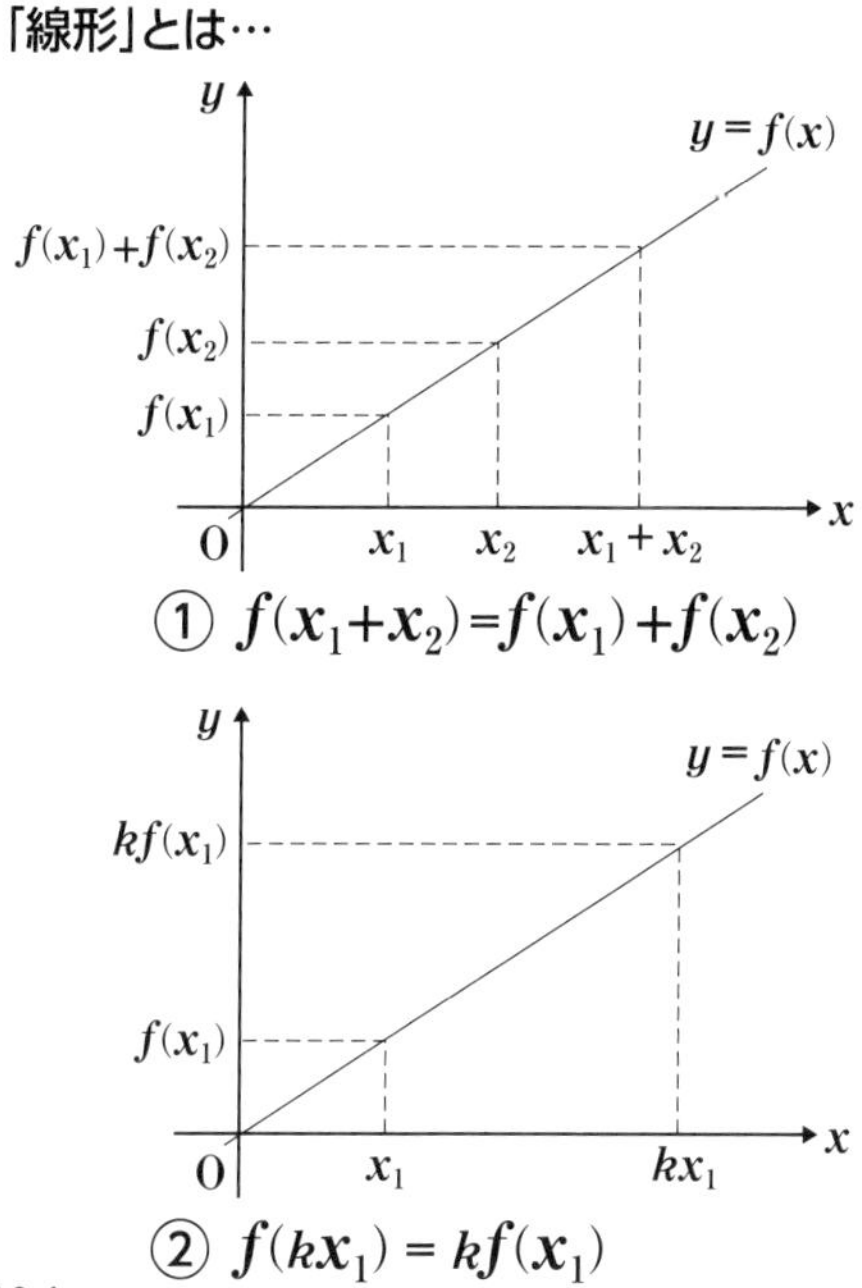

図3-4

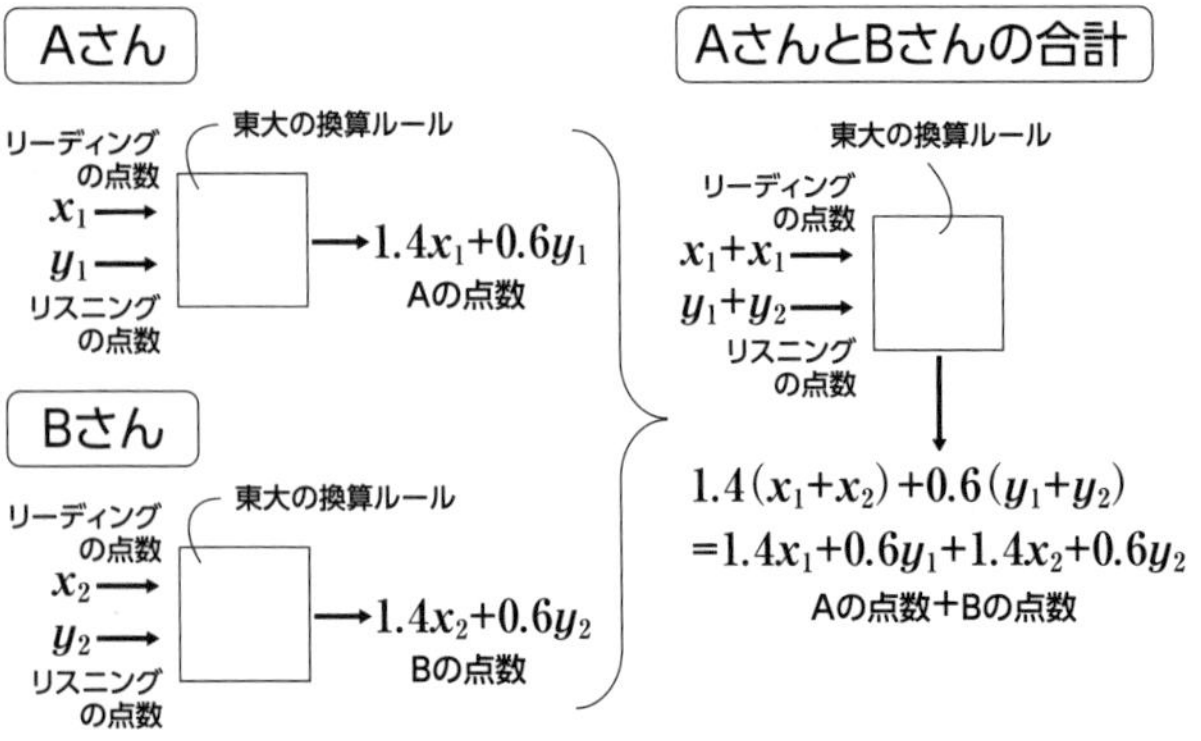

図 3-5

点数の両方を「入力」しないと、英語の点数は「出力」されないわけです。

しかも、大学によっては独自の換算ルールがあります。たとえば東京大学の場合、リーディングの点数は1・4倍、リスニングの点数は0・6倍します。リーディングの点数をx（点）、リスニングの点数をy（点）とすると、$1.4x+0.6y$ が共通テストの英語の点数になるというわけです。

じつはこの換算も線形です。

なぜなら、図3-5のようにAさんとBさんの換算後の点数の合計は、リーディングの点数（素点）とリスニングの点数（素点）を先に足しておいてから換算しても同じだからです。ここでは、試験での得点（リーディングとリスニングの素点）が「原因」であり、換算後の点数が「結果」だと思ってください。そう考えると、原因を足し合わせたことによる結果が、それぞれの結果の和になるという「重ね合わせの原理」が成立していますね。

この換算のように、**複数の入力値に対して、それぞれを定数倍して足すという出力をもたらす関数（変換）は、必ず線形になります。**

式で書けば、xとyの2つの入力に対し、$2x+3y$ を出力するような関数（変換）は線形ですし、xとyとzの3つの入力に対し、$2x+3y+4z$ を出力するような関数（変換）も線形です。

そろそろ勘の良い読者は気づかれているかもしれません。

そうなんです。x、y、z……が未知数で、a、b、c……が定数であるとき、連立1次方程式に登場する「$ax+by+cz+$……」という式は未知数を入力値とする「線形」な出力なのです。このようなわけで、連立1次方程式の解法を探求する数学は「線形代数」と呼ばれるようになりました。

行列とは

前項で見たように、入力（変数）がx、y、z、……のとき「$ax+by+cz+$……」という

「定数と変数の積」の和で表される式は「線形」な出力(変換)になるわけですが、本書ではこれを「**線形の式**」と呼ぶことにしましょう(正式な呼称ではありませんが、数学に詳しい人にならだいたい意味は通じると思います)。

世の中には線形の式で表される事柄がじつにたくさんあります。どんな学問分野においても、線形の式で表される現象が必ず登場すると言っても過言ではないでしょう。理工系の学問は言うに及ばず、文系の経済学、社会学、心理学などにおいても、複数の変数に対して統計的な処理を行なう場面では必ずと言っていいほど「線形の式」に出くわします。

その線形の式をきれいに、そして扱いやすくするための道具が**行列**です。

数学で言う「行列」は、「行列のできる店」のように、多くの人が順序よく並ぶことを意味する「行列」とはまったく違います。

たとえば、Aさんは20歳、168㎝、61㎏、Bさんは48歳、175㎝、76㎏だとしましょう。この2人のプロフィールは次ページの図3-6のような表にまとめると見やすいですね。その表の数字を、長方形状にきれいに並べて全体を大きなカッコでまとめれば、行列になります。

行列の「行」は横の並び、「列」は縦の並びのことです。数を横に並べたものと縦に並

【行列】

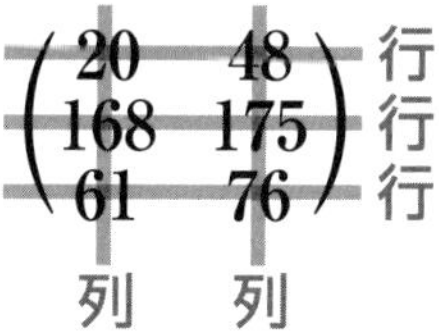

【表】

	Aさん	Bさん
年齢	20歳	48歳
身長	168 cm	175 cm
体重	61 kg	76 kg

図 3-6

べたものを組み合わせてできるのが「行列」だというわけです。

英語では数学の行列はmatrixと言います。matrixは本来、鋳物《いもの》を鋳造《ちゅうぞう》するときに、溶《と》かした金属を注《そそ》ぎ入れる型（鋳型《いがた》）を意味する言葉です。数字を決まった「型」に入れていくと行列になることから、英語ではこの名前が付いたのでしょう。

ちなみに、お店に並ぶ「行列」は英語ではqueueと言い、まったく違う言葉が使われています。

行列について詳しく理解するためには、まずはベクトルについての知識を持つ必要があります。そこで、先にベクトルについての基礎的なことを紹介させてください。

ベクトルと数の違い

たとえば図3-7で、点Aから点B、点C、点Dへ移動する

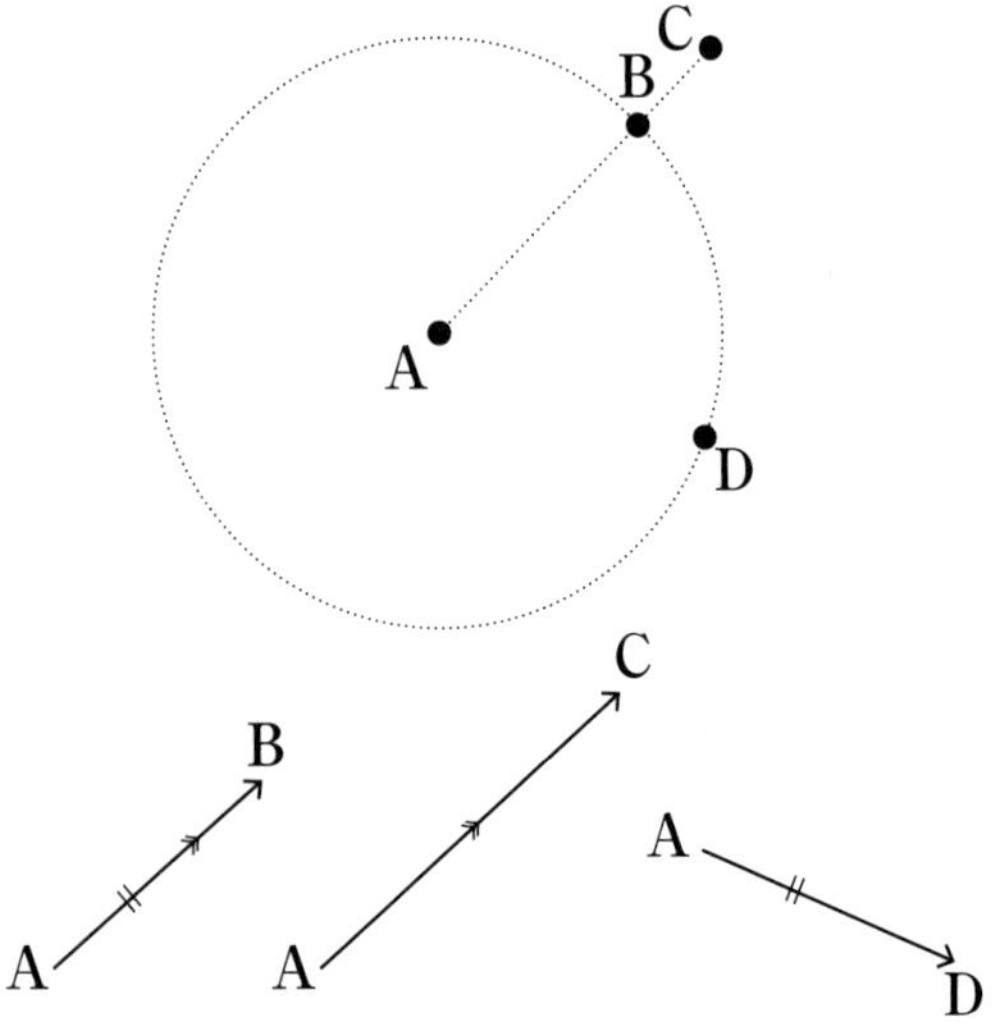

図 3-7

ことを考えます。

Aから見てBとCは同じ方向にあり、またBとDはAからの距離が同じですが、どの移動も「同じ」ではありません(当たり前です)。移動を一意的に定めるには方向と距離を同時に示す必要がありますから、これを矢印で表そうと考えるのは自然なことでしょう。

ベクトルとスカラー

移動のように「矢印で表せるもの」、すなわち**方向と大きさ**(**距離**)**を持つ量**のことを**ベクトル**(**vector**)と言います。

そもそもvectorは「運ぶ者」を意味するラテン語(vector)が語源です。ニュートン以後の天体力学の発展の中で星の移動や星々の間に働く力を表現するための道具が必要になったことが、ベクトル誕生の契機になりました。ただしベクトルの現代的な記法をはじめて使ったのは、19世紀のアメリカの物理学者であり「ベクトル解析の父」とも呼ばれる、ジョサイア・ギブズ（1839-1903）だと言われています。

ちなみに、方向と大きさを持つ量をベクトルと言うのに対して、長さや面積、質量、温度など、大きさだけを持つ量のことは**スカラー（scalar）**と言います。スカラーの語源は、スケール（scale）と同じで、梯子《はしご》を意味するラテン語（scalaris）です。

余談ですが、「物差し」や「尺度」といった意味を持つ「スケール」の語源が梯子なのは、梯子はふつう一定の間隔で横棒が並んでいて、それが物差しの目盛りを連想させるからだと言われています。

「大きさ」しか持たないスカラーは「1つの物差し（尺度）で測れる量」といったニュアンスがあることからこういう名前が付いたようです。スカラーは1つの数で表すことができるので、スカラーとはすなわち数であると思ってもらって構いません。

なお大学の数学では実数（私たちが普段使っている「数」）だけでなく、複素数（実数に加えて、2乗すると負になる虚数《きょすう》も含む数）もスカラーとして扱うことがあります。

いずれにしても、スカラーとは「2」や「-1.5」や「√5」のような定数のことだと思ってください。

物理におけるベクトル（速度の合成）

ベクトルが生まれるきっかけになった物理学には、「矢印」を数学的に扱えることの恩恵を感じる場面がたくさんあります。

たとえば、流れのある川をボートが横断しようとするとき、岸に立っている人から見たボートの速度は、図3-8のような「**ベクトルの足し算**」（後述）によって求めることができます。

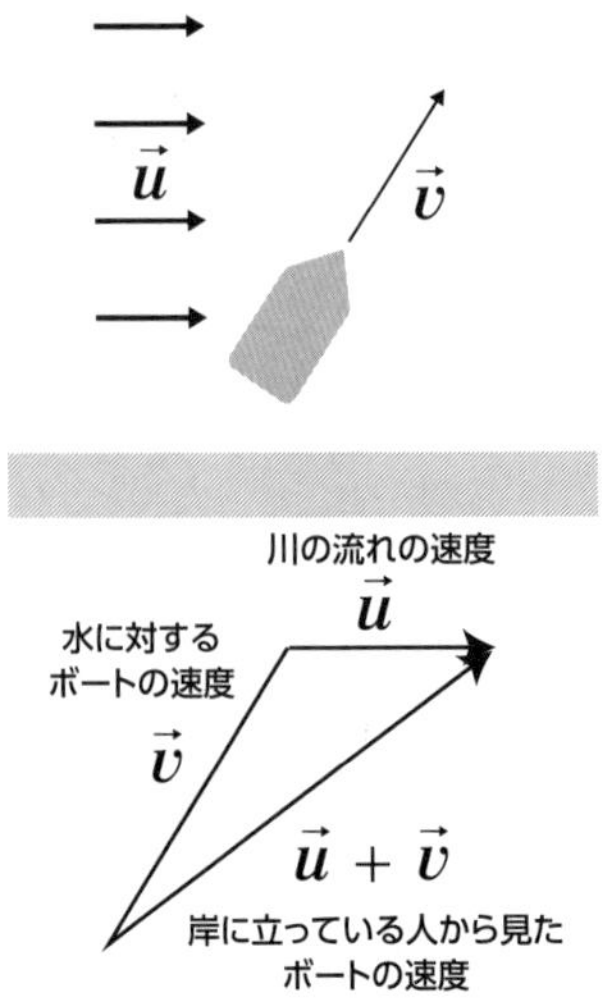

図 3-8

多次元量としてのベクトル

運動や力を記述するためには、大きさだけでなく方向も必要であることから、ベクトルが物理学に多く登場するのは当然のことと言えるでしょう。

私は、前の項の冒頭に「矢印で表せるもの（方向と大きさを持つ量）」をベクトルという、と書きました。高校数学でも同様に習います。

しかし、**ベクトルには矢印以外のもう1つの顔があります。**それは、複数の数の組で表される**多次元量**としての顔です。

ここで言う**「次元」とは自由に決められる「要素の数」**のことだと思ってください。

平面上の位置は「横方向（x方向）」と「縦方向（y方向）」という2つの要素を持ち、それぞれを自由に決めることができます。よって平面は「2次元」です。俗に、現実世界の人よりも漫画やアニメに登場する架空のキャラクターに好意を抱いてしまうことを「2次元コンプレックス」などと言うのは、漫画やアニメが描かれる紙面や画面は平面、すなわち2次元の世界だからです。

私たちが暮らす現実の世界は横方向と縦方向に加えて「高さ方向（z方向）」の要素も持つ3次元の世界ですが、もしあなたがタイムマシンを持っているのなら、あなたは「4次元の世界の住人」だと言えるでしょう。タイムマシンを自在に操《あやつ》れば、空間の3次元に加えて「時間」という要素についても自由に決められるからです。

あとで詳述する通り、平面上のベクトルは始点を座標軸の原点に置いたときの終点の座標を使って $\vec{a}=(x_a, y_a)$ のように表すことができます。これをベクトルの**成分表示**と言います。高校数学では、ベクトルの成分はあくまで座標ですが、大学数学以降は必ずしもそうではありません。

たとえば、身長［cm］、体重［kg］、体脂肪［%］を並べて書いて（175, 65, 15）と3つの数字を組にして書いたものは、立派な3次元のベクトルです。これを「3次元」と呼ぶことができるのは、身長、体重、体脂肪という3つの要素を持つからです。同様に、英語、数学、国語、理科、社会の点数をまとめて書いた（80, 70, 60, 90, 50）は5次元のベクトルだと考えることができます。

高校数学では平面（2次元）のベクトルを学んだあと、空間（3次元）のベクトルを学びますが、平面のベクトルをよく理解した人は、空間ベクトルについては、成分が1つ増えるだけで、新しく学ぶことがほとんどないと感じることでしょう。この**次元を増やす際の容易さ**こそベクトルの醍醐味であると私は思っています。

高校数学で学ぶベクトルは、矢印としての側面が強調されていますので、とくに物理を学ばない学生からは「なんでベクトルなんて必要なんだ」と思われがちです。

しかし、多次元量としてのベクトルの性質や演算方法を理解しておくことは、複数の要素を持つ量をまとめて扱いたい場合に大いに役立ちます。その便利さは、行列を学べばよりはっきりとするでしょう。

ベクトルの基礎

この項では、ベクトルの基礎をざっとご紹介します。もうご存知の方は読み飛ばしていただいても構いません。ただし、ベクトルの表し方や足し算や引き算の考え方等について不安のある方は是非お目通しください。ベクトルは日常生活ではほとんど目にすることがないと思いますので、ふつうの数式よりさらにとっつきづらく感じられることでしょう。でも慣れてしまえば、じつに便利な「道具」です。

ベクトルの表し方

図3-9のように、**点Aを始点、点Bを終点とする矢印で表されるベクトルを、$\overrightarrow{AB}$と表**します。ベクトルは1つの文字と矢印を用いて、$\vec{a}$のように表すこともあります。

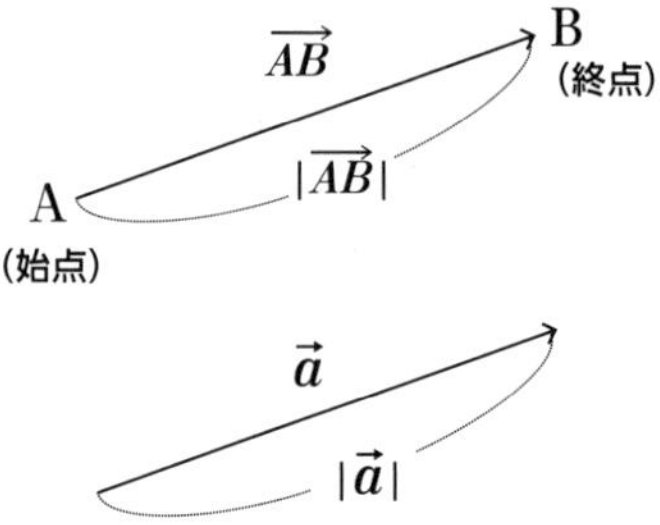

図 3-9

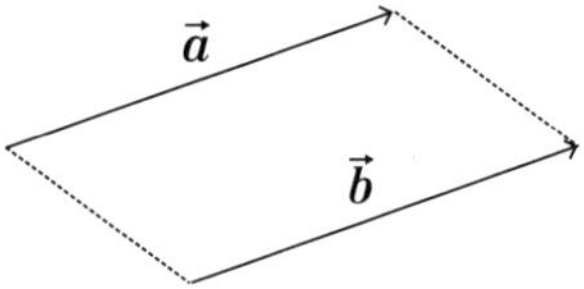

図 3-10

また、ベクトルを絶対値のような記号ではさんだ$|\overrightarrow{AB}|$や$|\vec{a}|$はそのベクトルの大きさを表します。もし線分ABの長さが3なら、$|\overrightarrow{AB}|=3$です。なお、とくに大きさが1であるベクトルのことを**単位ベクトル**と言います。

ベクトルの相等

図3-10のように、$\vec{a}$と$\vec{b}$の方向と大きさが同じであるとき、2つのベクトルは**等しい**と言い、$\vec{a}=\vec{b}$と表します。「$\vec{a}=\vec{b}$」であることは、2つのベクトルが平行移動によってぴったり重なることを意味します。

たとえば、同じ教室にいる40人の生徒が黒板の方向に向けて（黒板と垂直になるように）長さ3㎝の矢印を手元のノートに書いたとすると、それぞれのノートに書かれた40本のベクトルは数学的にはすべて「等しい」です。

ベクトルの和

ベクトルはもともと「運ぶ者」を表すラテン語を語源とするわけですが、ベクトルの和（足し算）は、運搬をイメージするとわかりやすいかもしれません。

物をOからAに運び、その後Cまで運んだのなら、結局物はOからCに移動したことになりますね。このことをベクトルでは、

$$\vec{OA}+\vec{AC}=\vec{OC}$$

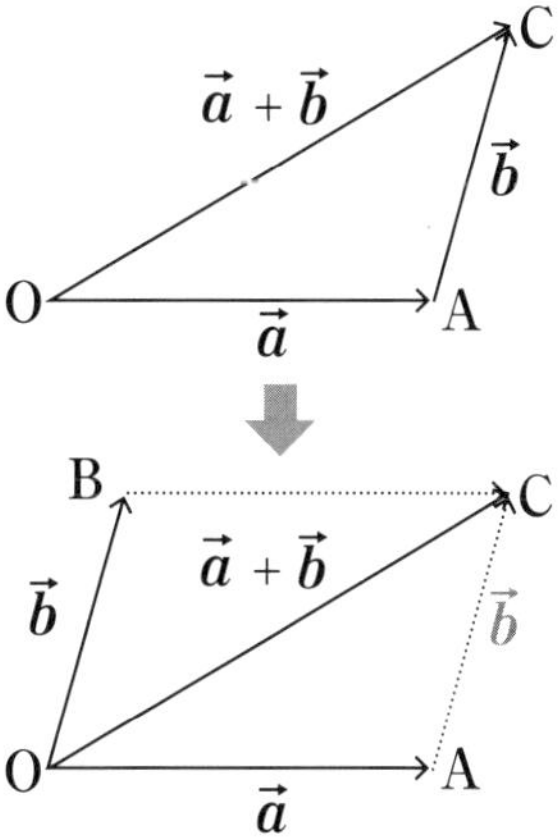

図 3-11

と表します。OからAへの移動とAからCへの移動を「足す」とOからCへの移動になると考えるのはごく自然なことなので、ベクトルの足し算をこのように定義することに違和感を覚える方は少ないのではないでしょうか。これを図で表せば図3-11のようになります。

図3-11の平行四辺形OACBにおいて、$\vec{AC}$と$\vec{OB}$は平行移動によってぴったり重ねられる（平行四辺形の対辺は平行かつ長さが等しい）ので、

$\overrightarrow{AC}=\overrightarrow{OB}$です。すなわち四角形OACB**が平行四辺形であるとき、**

$$\overrightarrow{OA}+\overrightarrow{OB}=\overrightarrow{OC}$$

です。

$\vec{a}=\overrightarrow{OA}$、$\vec{b}=\overrightarrow{AC}$とすれば、**$\vec{a}$と$\vec{b}$の和は$\vec{a}$と$\vec{b}$の始点をそろえてできる平行四辺形の対角線**と捉えることもできます。

逆ベクトルと零ベクトル

ベクトルの足し算（和）がわかったところで、次はベクトルの引き算（差）について考えたいわけですが、差は和の延長として考えられます。

中学で、負の数という概念を導入すると、

5−3=5+(−3)

とできることを学びました。正の数を引くことは、（絶対値の等しい）負の数を足すことと同じなのですね（余談ですが、負の数は、7世紀頃のインドの商人が「1万円の借金」のことを「マイナス1万円の利益」と表

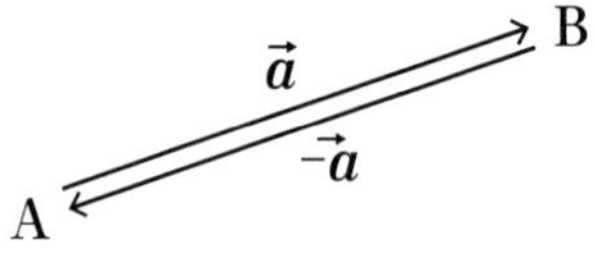

図3-12

すようになったのが始まりです）。

ベクトルの引き算も「負のベクトル」の足し算として定義できます。ただし、ベクトルの場合は「負のベクトル」は正式には**「逆ベクトル」**と言います。ベクトル $\vec{a}$ と大きさが等しく、向きが反対のベクトルを逆ベクトルと言い、「$-\vec{a}$」と表します。$\vec{a}=\overrightarrow{AB}$ なら $-\vec{a}=\overrightarrow{BA}$ です（図3-12）。

また、始点と終点が一致するベクトルは**大きさ（長さ）が0のベクトル**と考えて、**零《ゼロ》ベクトル**と言い、$\vec{0}$ と表します。$\overrightarrow{AA}=\vec{0}$ です。

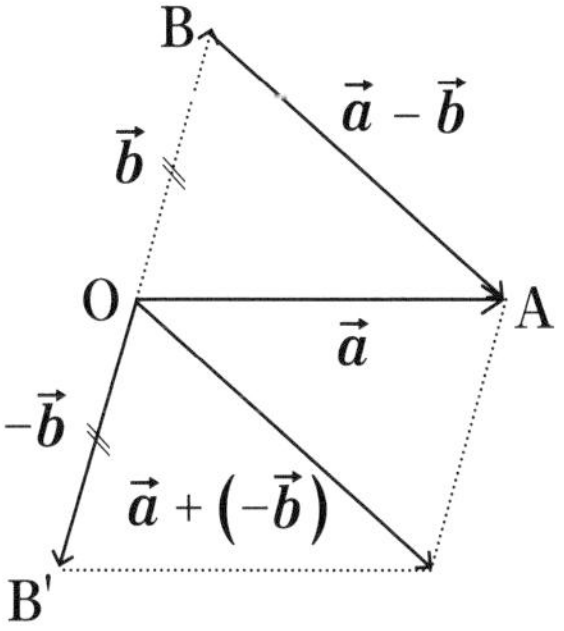

図 3-13

ベクトルの差

$\vec{b}$ を引くことは、その逆ベクトル $-\vec{b}$ を足すことと同じであると考えましょう。すなわち、

$$\vec{a}-\vec{b}=\vec{a}+(-\vec{b})$$

です。今、点BのOに関する対称点をB'とすると、逆ベクトルの定義より $-\vec{b}=\overrightarrow{OB'}$ なので、$\vec{a}+(-\vec{b})$ は、$\vec{a}$ と $-\vec{b}$ で作られる平行四辺形の対

角線になります。

さらにこのベクトルを平行移動して、始点がBに重なるようにすると、

$\vec{a}+(-\vec{b})=\vec{a}-\vec{b}=\overrightarrow{BA}$

であることもわかります（図3－13）。

ちなみに、差は「和の逆演算」であるという理解から、次のように考えるのも本質的です。

$\overrightarrow{OB}+\overrightarrow{BA}=\overrightarrow{OA} \quad \Rightarrow \quad \vec{b}+\overrightarrow{BA}=\vec{a} \quad \Rightarrow \quad \vec{a}-\vec{b}=\overrightarrow{BA}$

ベクトルの内積と外積

ベクトルの基礎がわかったところで、今度はベクトルどうしの掛け算的なものを考えていきましょう。「掛け算なんて『基礎』のうちじゃないの？」と思われるかもしれませんが、大きさだけでなく方向もある量どうしの掛け算的な演算は一筋縄ではいきません。

また私がここで「掛け算的なもの」とわざわざ「的」を付けているのは、厳密にはこれから紹介する演算は「掛け算」ではないからです。

先に、数学における掛け算の定義をご紹介しておきましょう。

数学における掛け算の定義

数学では次の３つの法則が成立する演算を「掛け算（乗法）」と呼ぶことになっています。なお「☆」はその演算を表す記号だと思ってください（☆を×に置き換えれば、おなじみの式になります）。

①交換法則　A☆B＝B☆A
②分配法則　A☆（B＋C）＝A☆B＋A☆C
③結合法則　（A☆B）☆C＝A☆（B☆C）

ベクトルの掛け算的な演算には「内積《ないせき》」と呼ばれるものと「外積《がいせき》」と呼ばれるものがあるのですが、「内積」のほうでは①と②だけが成り立ち、③は成り立ちません。また「外積」のほうは②と③だけが成り立ち、①が成り立ちません。

ですから、内積も外積も大手を振って「これがベクトルの掛け算です」とは言えないわけです。

ベクトルの成分表示

ベクトルの掛け算的なものを定義していくためにはベクトルを数値で表す「成分表示」が必要になります。

座標平面上で、$\vec{a}$を原点Oに始点が重なるように平行移動したとき、その終点の座標を$\vec{a}$の成分（x座標がx成分、y座標がy成分）と言い、

$\vec{a}=(x_a, y_a)$

のように表すことを、**ベクトルの成分表示**と言います**（図3-14）**。

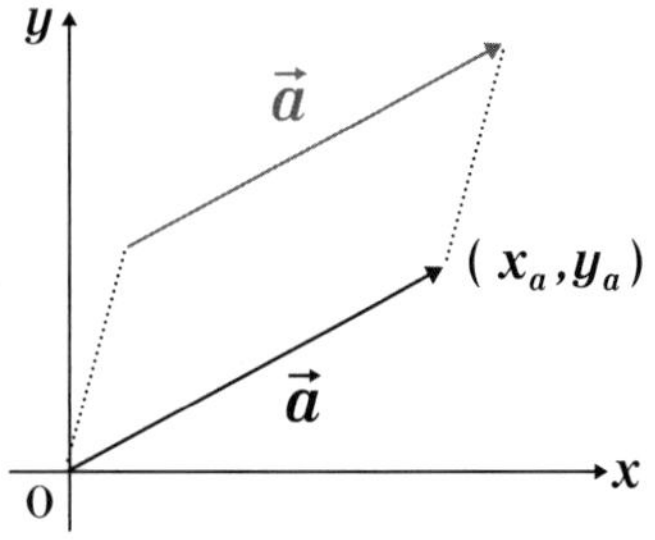

図 3-14

ベクトルは大きさと方向の両方を持つため、人に伝えるには、矢印を書いて示すか「南向きに3㎝」のように言う必要があって、面倒な上に厳密さに欠けてしまいがちなわけですが、成分表示を使えば手軽にしかも正確に伝えることができます。

成分によるベクトルの足し算とスカラー倍

ベクトルの足し算（加法）やスカラー倍（定数倍）などの演算を、成分を用いて表してみ

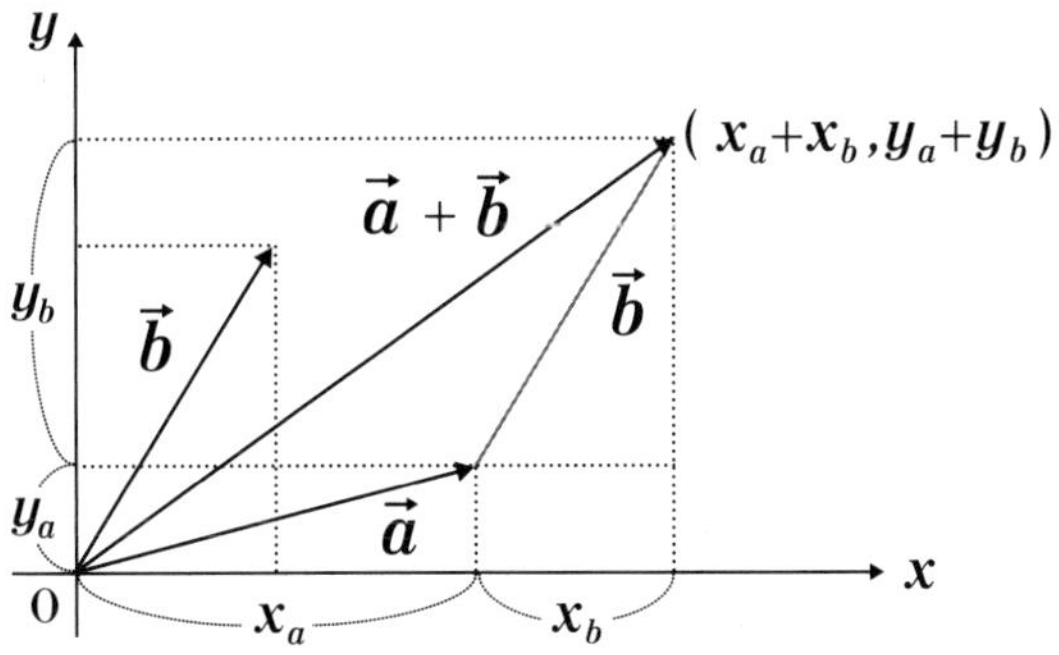

$$\vec{a}=(x_a, y_a)、\vec{b}=(x_b, y_b)\text{のとき}$$

$$\vec{a}+\vec{b}=(x_a+x_b, y_a+y_b)$$

図 3-15

ましょう。

図3-15より、**2つのベクトルを足すとその成分はそれぞれの成分の和になる**（和のx成分はx成分どうしの和、和のy成分はy成分どうしの和）ことがわかります。

こうして、ベクトルの記号を使って書くと難しそうな印象を持たれるかもしれませんが、前にも書いた通り、ベクトルを複数の要素を持つ多次元量と考えれば、和がこのようになるのは当たり前に感じられると思います。

たとえば、店舗の1日の来客人数と売上を組にして（来客数、売上）のように表すことにしましょう。

A店とB店の2店舗を経営しているオーナーが、1日の終わりに両店舗の来客数と売上をチエックしたところ、A店は（80人、１００万円）で、B店は（50人、60万円）でした。オーナーがこの日の両店の「和」を知りたい場合は当然、

（80人、１００万円）＋（50人、60万円）＝（１３０人、１６０万円）

と計算しますよね。

「成分によるベクトルの足し算」の定義はその当然の感覚通りです。

同様に、ベクトルのスカラー倍（定数倍）の定義も直感的です。

距離と交通費を組にして（距離、ガソリン代）と表すことにします。仮に旅行先までの距離と交通費が（１５０㎞、３０００円）のとき、往復分が知りたければ、

２×（１５０㎞、３０００円）＝（３００㎞、６０００円）

と計算しますすね。全体を2倍すると、それぞれの成分も2倍になるのは当然です。

これをベクトルの記号を使って一般化して書くとこうなります。

$$k\vec{a}=k(x_a, y_a)=(kx_a, ky_a)$$

ただし、ｋはスカラー（定数）です。

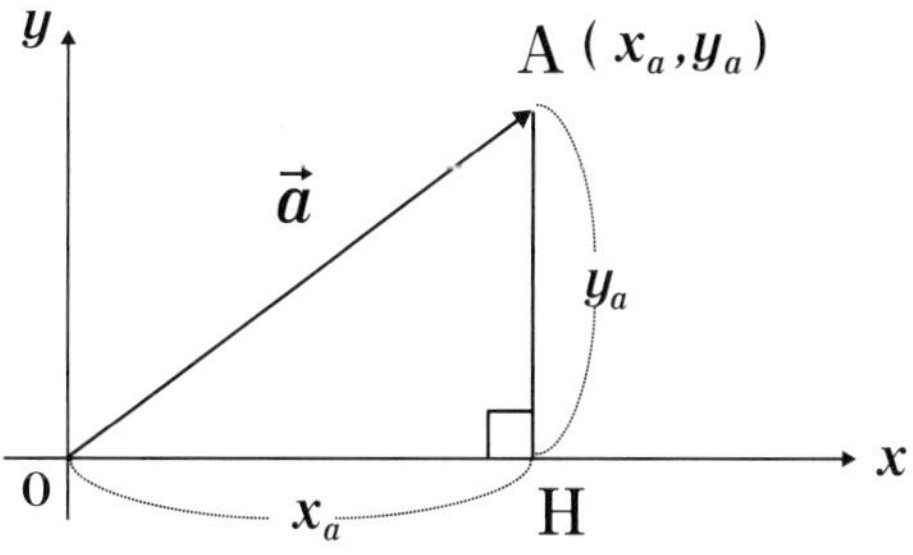

$$OA^2 = OH^2 + AH^2 \Rightarrow |\vec{a}|^2 = x_a^{\,2} + y_a^{\,2}$$
$$\Rightarrow |\vec{a}| = \sqrt{x_a^{\,2} + y_a^{\,2}}$$

図 3-16

ベクトルの成分と大きさ

$\vec{a}=(x_a, y_a)$ であるとき、Aの座標を(x_a, y_a)とすると、$\vec{a}$の大きさ$|\vec{a}|$は線分OAの長さになります。図3-16から、△OAHは直角三角形なので、中学で学んだ「三平方の定理」を用いると、

$$|\vec{a}|=\sqrt{x_a^{\,2}+y_a^{\,2}}$$

です。ちなみに成分が1つ増えて$\vec{a}=(x_a, y_a, z_a)$であるときは、3次元空間における距離を考えて、

$$|\vec{a}|=\sqrt{x_a^{\,2}+y_a^{\,2}+z_a^{\,2}}$$

となり、さらに成分が1つ増えて$\vec{a}=(x_a, y_a, z_a, w_a)$であるときは、

$$|\vec{a}|=\sqrt{x_a^{\,2}+y_a^{\,2}+z_a^{\,2}+w_a^{\,2}}$$

となります。こんな風に書いてしまうと、

「え？　待って。成分が4つもあるってことは4

次元（自由に決められる要素の数が4つ）でしょ。4次元世界の『距離』ってなに？」
と思われたかもしれません。大変まっとうな感覚です。

じつは線形代数の世界では、4次元以上の世界においては「長さ」を見ることはできないので、成分の2乗を足し合わせた数の正の平方根（$\sqrt{\ }$）を「長さ」として定義することになっています。一般に、n次元のベクトル $\vec{a}=(a_1,a_2,\cdots\cdots,a_n)$ に対しては、

$$|\vec{a}|=\sqrt{a_1^2+a_2^2+\cdots\cdots+a_n^2}$$

を大きさ（長さ）であると定義するわけです。

ベクトルの内積

いよいよ、ベクトルの**内積**を定義していきましょう。

$\vec{a}$ と $\vec{b}$ の内積は、記号では「$\vec{a}\cdot\vec{b}$」と表します。この内積の表記における「・」は「×」の省略記号ではないので注意してください。あとで紹介しますが「$\vec{a}\times\vec{b}$」は外積と呼ばれるもう1つの掛け算的な演算を意味します。また、内積 $\vec{a}\cdot\vec{b}$ を「$\vec{a}\vec{b}$」と表すことは（外積との区別がなくなってしまうので）許されません。

内積は**各成分どうしの積の和**です。すなわち、$\vec{a}=(x_a, y_a)$, $\vec{b}=(x_b, y_b)$ のとき、内積は次

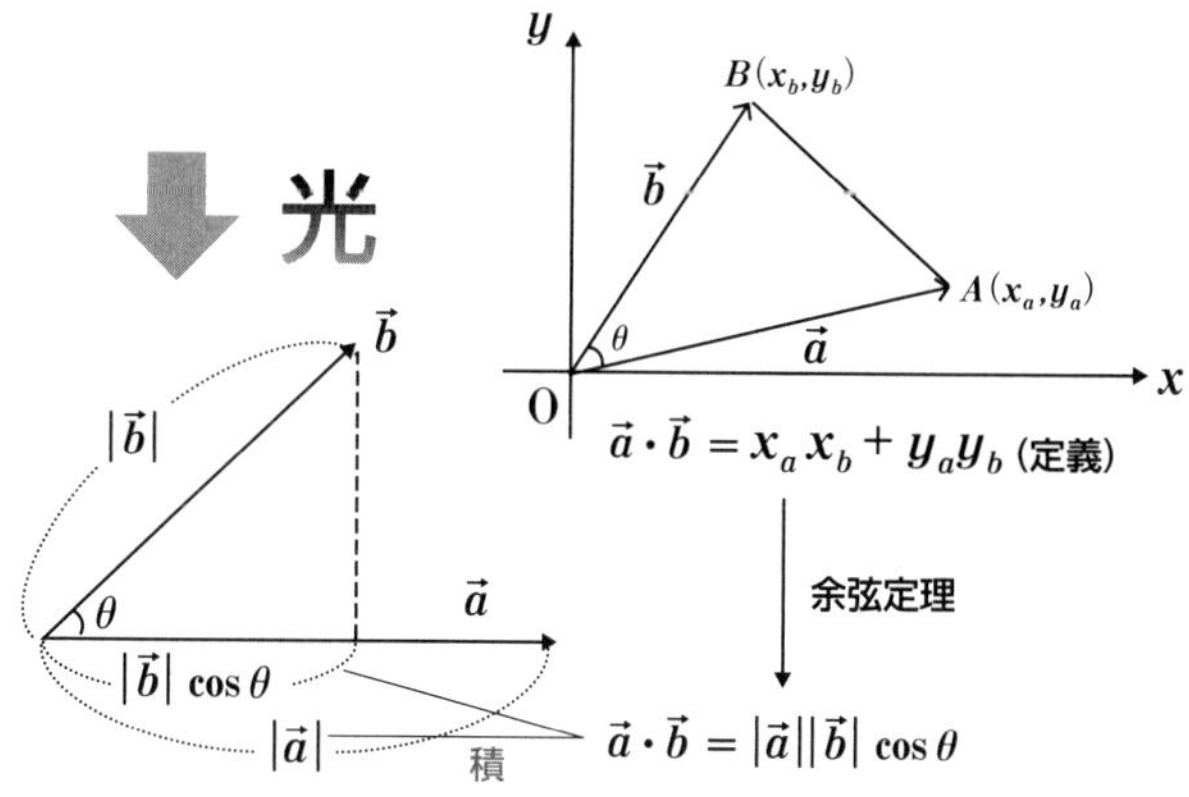

図 3-17

のように定義されます。

$$\vec{a}\cdot\vec{b}=x_a x_b+y_a y_b$$

内積は図形的にはどのような意味を持つのでしょうか？　じつは右の定義からスタートして、三平方の定理の発展型である余弦《よげん》定理を使うと（途中計算は割愛しますが）、

$$\vec{a}\cdot\vec{b}=|\vec{a}||\vec{b}|\cos\theta$$

となることがわかります。

図3－17のように、$\vec{a}$と$\vec{b}$の始点を合わせて、$\vec{a}$と$\vec{b}$のなす角（$\vec{a}$と$\vec{b}$で作る角度）をθとすると、$|\vec{b}|\cos\theta$は$\vec{a}$の真上から光を当てたときの$\vec{b}$の影の長さになっています。一般に、物体に光を当てたときにできる影を射影《しゃえい》と言い、スクリーンに垂直な光線による射影を**正射影**と言うので$|\vec{b}|\cos\theta$は$\vec{b}$の$\vec{a}$への正

射影の長さです。すなわち、$\vec{a}$と$\vec{b}$の**内積**とは、**「$\vec{a}$の長さ($|\vec{a}|$)と$\vec{b}$の$\vec{a}$への正射影の長さ($|\vec{b}|\cos\theta$)を掛け合わせたもの」**と、捉えることができます。

高校時代にベクトルを勉強された方は「あれ？ 内積って、コサインを使って定義するんじゃなかったっけ？」と思われたかもしれません。確かに、高校の教科書には、内積は「$\vec{a}\cdot\vec{b}=|\vec{a}||\vec{b}|\cos\theta$」として定義してあります。そこから、余弦定理を使って「$\vec{a}\cdot\vec{b}=x_a x_b+y_a y_b$」を導くのがふつうです。本書とは順番が逆ですね。なぜでしょうか。

内積の使い道

じつは、大学では内積は本書のように「各成分どうしの積の和」として定義します。

高校では2次元(平面)と3次元(空間)しか扱わないので図形的イメージがつかみやすい「$\vec{a}\cdot\vec{b}=|\vec{a}||\vec{b}|\cos\theta$」を定義として採用しているのですが、4次元、5次元、……n次元といった抽象的な世界では、ベクトルの「大きさ」や2つのベクトルの「なす角」は見ることができません。そこで、大学以降の数学ではベクトルの大きさ(前項参照)や内積は成分で定義します。その上で2次元や3次元の世界では「$\vec{a}\cdot\vec{b}=|\vec{a}||\vec{b}|\cos\theta$」が成立するという事実を拡張して、n次元においても「$\vec{a}\cdot\vec{b}=|\vec{a}||\vec{b}|\cos\theta$」が成り立つもの

として多次元における「角度（θ）」を定義します。

2次元や3次元の現実世界はもとより、多次元の仮想空間においても**計算によって「角度」を求めることができる**というのが内積の大きな利点です。

現実には存在しない（見ることができない）「角度」を計算することに何の意味があるのかと思われる方もいるでしょう。でもこうした現実世界の概念を抽象世界に拡張することによって、線形代数の活躍できる世界が格段に広くなります。

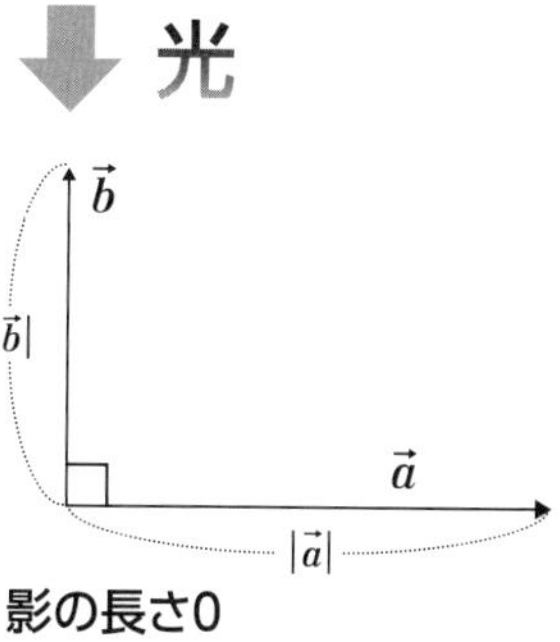

$$\vec{a} \perp \vec{b} \Leftrightarrow \vec{a} \cdot \vec{b} = 0$$

図 3-18

たとえば（詳細は割愛しますが）第1章で紹介した相関係数は内積を使って書くことができて、そうすれば相関係数が-1以上1以下になることは$\cos\theta$が-1以上1以下になることと絡めてスッキリ理解できます。


数学では、扱える範囲を広げるために、ある概念を「拡張」することがよくあります。

小学生までは、「3－5」のように引く数のほうが大きい引き算は計算できませんでしたが、中学ではできるようになります。数の概念を負の数、すなわち0より小さい数にまで拡張したからです。人類が虚数というものを考え出したのも2次方程式の解の公式で√の中が負になる場合も扱えるように、2乗して負になる数（虚数）にまで数の概念を拡張した結果です。

概念の「拡張」を行なうためには新しい定義が必要になりますが、それは拡張前の定義と矛盾するものであってはいけません。負の数を導入するからと言って、「5－3」のような答えがプラスになる従来の引き算の答えが、変わってしまうようなことがあってはいけないのです。

とくに、$\vec{a}$と$\vec{b}$のなす角θが90°のとき、**$\vec{a}$と$\vec{b}$は垂直である**と言います。2次元や3次元の世界の図形的イメージを考えてみると、$\vec{a}$と$\vec{b}$が垂直であれば、$\vec{b}$の$\vec{a}$への正射影の長さは0になります。内積とは「$\vec{a}$の長さと$\vec{b}$の$\vec{a}$への正射影の長さを掛け合わせたもの」と考えられるのでしたね。正射影の長さが0になることから、**$\vec{a}$と$\vec{b}$が垂直のとき$\vec{a}$と$\vec{b}$の内積は0です**（図3－18）。

n次元のベクトルに対しても、$\vec{a} \perp \vec{b} \Leftrightarrow \vec{a} \cdot \vec{b} = 0$ は変わりません。

たとえば $\vec{a}=(1,0,1,0)$, $\vec{b}=(0,1,0,1)$ のとき、

$\vec{a}\cdot\vec{b}=1\times0+0\times1+1\times0+0\times1=0$

なので$\vec{a}$と$\vec{b}$は「垂直」です。

4次元のベクトルである$\vec{a}$と$\vec{b}$を図示することはできませんが、それらが「垂直」であることはこのように簡単にわかります。**高次元のベクトルであっても、その「なす角」を計算したり、「垂直」であるかどうかを調べたりするのは内積を使えば簡単**であることを覚えておいてください。

ベクトルの外積

次に、ベクトルのもう1つの掛け算的な演算である「**外積**」を紹介します。

外積は基本的に3次元のベクトル（3つの成分を持つベクトル：空間ベクトル）どうしで行なう演算です。$\vec{a}=(a_1, a_2, a_3)$，$\vec{b}=(b_1, b_2, b_3)$のとき、外積は「$\vec{a}\times\vec{b}$」と表し、

$$\vec{a}\times\vec{b}=(a_2b_3-a_3b_2,\ a_3b_1-a_1b_3,\ a_1b_2-a_2b_1)$$

で定義されます。

内積は各成分の積の和なので、内積の計算結果は0とか3とかの数（スカラー）になります。一方、**外積$\vec{a}\times\vec{b}$の計算結果はベクトル量**で次の方向と大きさを持ちます（**図3-19**）。

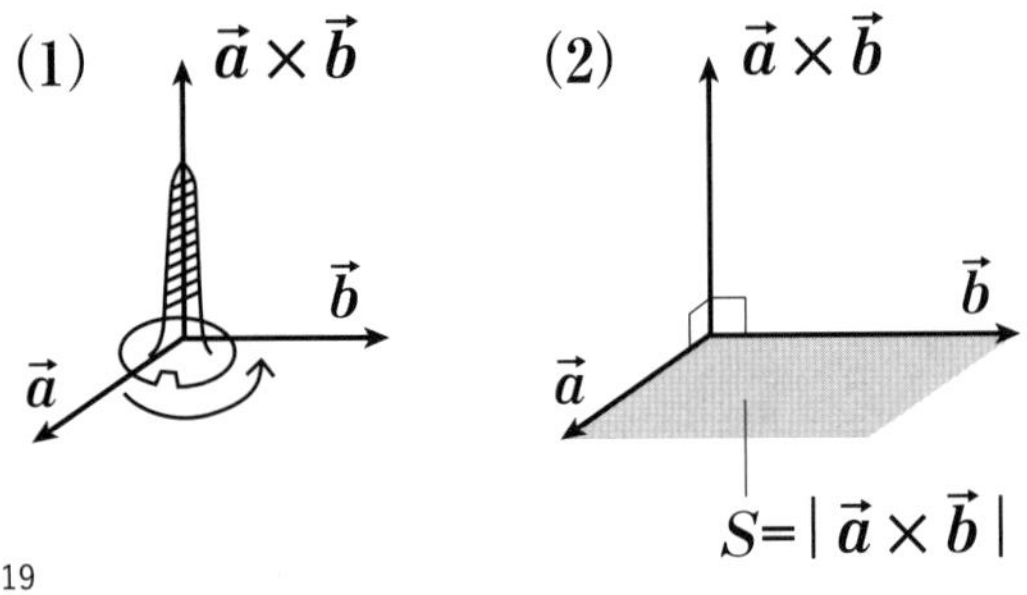

図3-19

（1）$\vec{a}\times\vec{b}$の方向：$\vec{a}$と$\vec{b}$の両方に垂直な方向
（2）$\vec{a}\times\vec{b}$の大きさ：$\vec{a}$と$\vec{b}$で作られる平行四辺形の面積

なお、より正確には、$\vec{a}\times\vec{b}$の方向は、$\vec{a}$から$\vec{b}$に向けて右ネジを回したときのネジの進む向きです。

内積と違って、外積の定義式は大変覚えづらいので、次のように書いて覚えるのが一般的です（図3-20）。

まず、2つのベクトルの成分を縦に並べて書きます。次に、一番上の行を一番下に加えてから、「たすき掛け」を繰り返していきます。

なお、成分を横に並べて書いたベクトルを横ベクトル（あるいは行ベクトル）、成分を縦に並べて書いたベクトルを縦ベクトル（あるいは列ベクトル）と言います。

【$\vec{a} \times \vec{b}$ の計算手順】

$$\vec{a} = \begin{pmatrix} a_1 \\ a_2 \\ a_3 \end{pmatrix} \quad \vec{b} = \begin{pmatrix} b_1 \\ b_2 \\ b_3 \end{pmatrix} \text{ のとき}$$

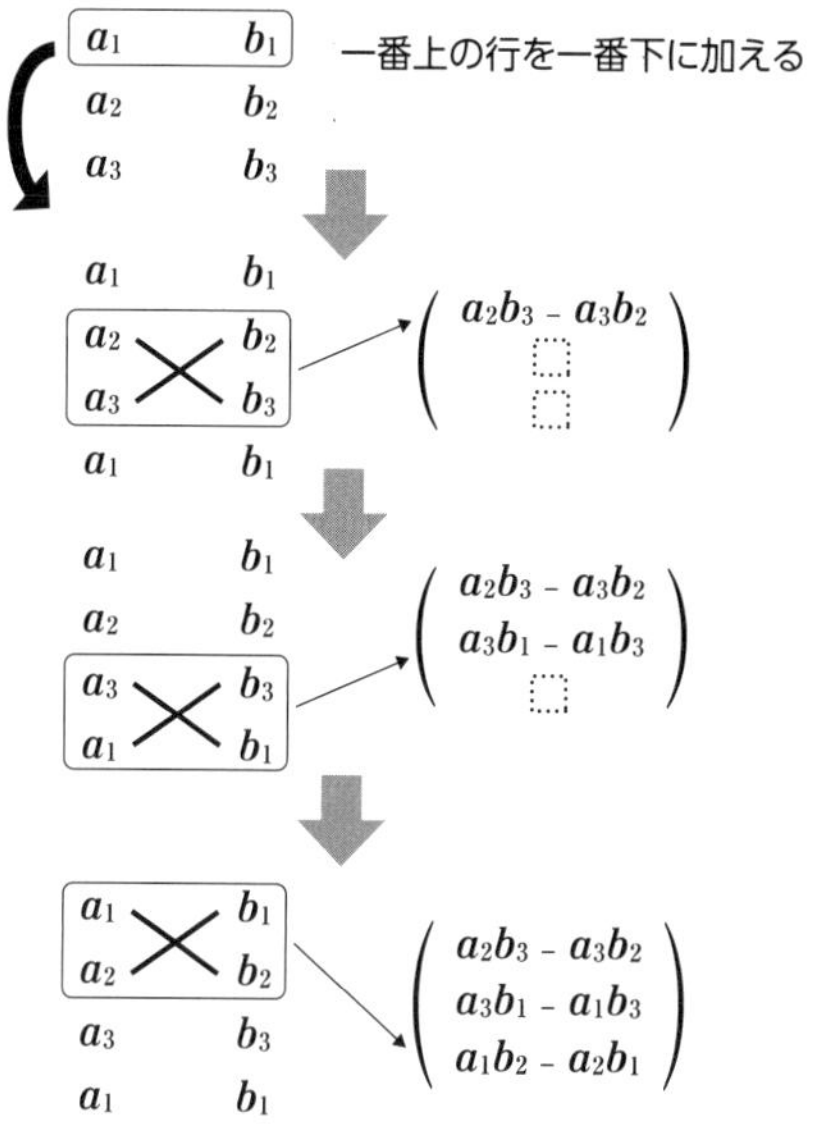

《例》

$$\vec{a} = \begin{pmatrix} 1 \\ 2 \\ 3 \end{pmatrix} \quad \vec{b} = \begin{pmatrix} 3 \\ 2 \\ 1 \end{pmatrix} \text{ のとき}$$

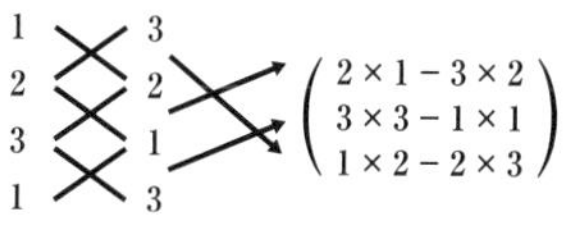

$$\Rightarrow \vec{a} \times \vec{b} = \begin{pmatrix} -4 \\ 8 \\ -4 \end{pmatrix}$$

図 3-20

外積の使い道

先ほど、「$\vec{a}\times\vec{b}$の方向は、$\vec{a}$から$\vec{b}$に向けて右ネジを回したときのネジの進む向き」だと紹介しましたが、なんだかわかりづらいですよね。外積の方向は、昔懐かしい「**フレミングの左手の法則**」を使えば、すぐわかります。中指が$\vec{a}$、人差し指が$\vec{b}$のとき、親指の指す方向が$\vec{a}\times\vec{b}$の方向です（**図3-21**）。

この法則はもともと磁界（磁石のまわりの磁力が働く空間）の中で電流を流したときに、**電流が受ける力（ローレンツ力）の向き**を覚える方法として、イギリスの物理学者ジョン・フレミング（1849-1945）によって考案されました。当時フレミングはロンドン大学で教鞭《きょうべん》を執《と》っていましたが、何度説明してもローレンツ力の方向を覚えられない学生が多かったため、左手を使ってその方向をイメージさせるこのアイディアを思いついたそうです。

今では「フレミングの左手の法則」は、世界中の義務教育で教えられています。電流が磁界から受ける力に関する理科のテスト中、問題文の設定と自分の左手の向きを合わせようとしてクラス中のみんながとんでもない体勢になってしまうのは「学校あるある」のお馴染みの光景です。

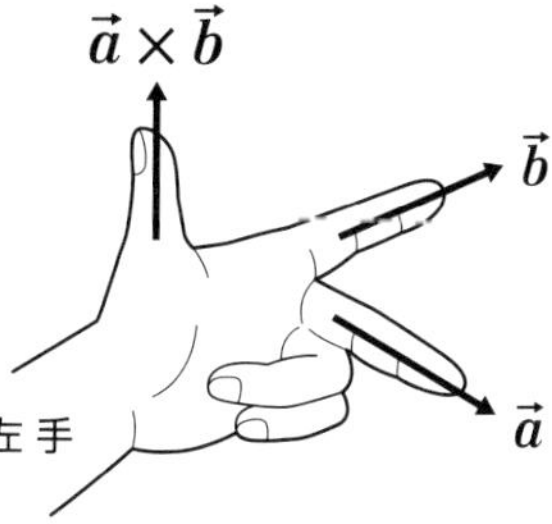

図 3-21

外積は、**３ＤＣＧ（３次元空間でのコンピュータグラフィックス）**にも欠かせません。映像や画面上で立体的に見える３ＤＣＧは、コンピュータの中で、「縦」「横」「奥行き」のある３次元の立体物を作成し、それを仮想スクリーン上に透視投影することで作ります。たとえば、あるキャラクターの３ＤＣＧを作る場合、キャラクターの頭の向きは、右手方向のベクトルと左手方向のベクトルの外積によって求められます。

さらに、外積はベクトル量ですが、その大きさは平行四辺形の面積になることから、２つのベクトルで作られる平行四辺形の面積や（これを半分にすることで）２つのベクトルを2辺とする三角形の**面積を求めるときにも活躍**します。外積は本来、３次元のベクトルどうしで行なう演算ですが、２次元のベクトルどうしであっても、それぞれをz成分が０の３次元ベクトルであると考えれば、面積を求めることに使えます。外積の大きさを手計算によって求めるのは正直面倒ではありますが、計算方法は画一的なので、コンピュータは外積の計算が得意です。２つのベクトルの成分を打ち込むだけで、一瞬で面積を計算してくれます。

非常に大雑把《おおざっぱ》に言ってしまうと、「角度」を求めるには内積、**「方向」や「面積」を求めるには外積を使う**というイメージです。

行列の導入

さあ、ここからいよいよ行列についてお話ししていきます。

前に、「$ax + by + cz + \cdots\cdots$」という「定数と変数の積」の和で表される「線形の式」をきれいに、そして扱いやすくするための道具が行列だと書きました。とくに複数の「線形の式」が登場する連立1次方程式は、行列を使うと係数と変数を分けた形で簡潔に表すことができます。その例が図3-22です。

$$\begin{cases} x + 2y = 5 \\ 3x + 4y = 11 \end{cases}$$

行列を使うと

$$\begin{pmatrix} 1 & 2 \\ 3 & 4 \end{pmatrix}\begin{pmatrix} x \\ y \end{pmatrix} = \begin{pmatrix} 5 \\ 11 \end{pmatrix}$$

$$\begin{cases} 3x + 4y + 5z = 8 \\ 2x + y - z = 1 \\ 3y + z = 1 \end{cases}$$

行列を使うと

$$\begin{pmatrix} 3 & 4 & 5 \\ 2 & 1 & -1 \\ 0 & 3 & 1 \end{pmatrix}\begin{pmatrix} x \\ y \\ z \end{pmatrix} = \begin{pmatrix} 8 \\ 1 \\ 1 \end{pmatrix}$$

図3-22

連立1次方程式を行列を使って表すと、係

$$\begin{pmatrix} 1 & 2 \\ 3 & 4 \end{pmatrix}\begin{pmatrix} x \\ y \end{pmatrix} = \begin{pmatrix} 5 \\ 11 \end{pmatrix}$$

$A = \begin{pmatrix} 1 & 2 \\ 3 & 4 \end{pmatrix}$ とすれば

↓

$$A\begin{pmatrix} x \\ y \end{pmatrix} = \begin{pmatrix} 5 \\ 11 \end{pmatrix}$$

$\vec{x} = \begin{pmatrix} x \\ y \end{pmatrix}$、$\vec{p} = \begin{pmatrix} 5 \\ 11 \end{pmatrix}$ とすれば

↓

$$A\vec{x} = \vec{p}$$

n列

m行 $\begin{pmatrix} a_{11} & a_{12} & \cdots & a_{1n} \\ a_{21} & a_{22} & \cdots & a_{2n} \\ \vdots & \vdots & \cdots & \vdots \\ a_{m1} & a_{m2} & \cdots & a_{mn} \end{pmatrix}$

《例》 $\begin{pmatrix} 1 & 2 \\ 3 & 4 \end{pmatrix}$：2 × 2 行列

$\begin{pmatrix} x \\ y \end{pmatrix}$：2 × 1 行列

$\begin{pmatrix} 3 & 4 & 5 \\ 2 & 1 & -1 \\ 0 & 3 & 1 \end{pmatrix}$：3 × 3 行列

図 3-23

数と変数（未知数）を分離することができるだけでなく、あとで見るように決まり切った手順で解を求められるようになります。

一般に、自然数m、nに対してm個の行とn個の列からなる行列を**m行n列の行列**、あるいは単にm×n行列と言います（本書では後者を使います）。

ベクトルを成分で表したものも行列の一種です。m個の成分を縦に並べた縦ベクトルはm×1行列、n個の成分を横に並べた横ベクトルは1×n行列であると見なすことができます。

行列は、**A、B、Cなどのアルファベットの大文字を使って表すことが多いです**。さらに、2×1行列を縦ベクトルであると考えれば、連立1次方程式は行列とベクトルで表せることになります（図3-23）。

$$A=\begin{pmatrix} a & b \\ c & d \end{pmatrix}、B=\begin{pmatrix} p & q \\ r & s \end{pmatrix} \text{のとき}$$

$$A+B=\begin{pmatrix} a & b \\ c & d \end{pmatrix}+\begin{pmatrix} p & q \\ r & s \end{pmatrix}=\begin{pmatrix} a+p & b+q \\ c+r & d+s \end{pmatrix}$$

$$kA=k\begin{pmatrix} a & b \\ c & d \end{pmatrix}=\begin{pmatrix} ka & kb \\ kc & kd \end{pmatrix}$$

ただし、kはスカラー(定数)

行列の和とスカラー倍

行列の並べられた数のそれぞれを**成分**と言い、第i行の第j列にある成分を(i,j)**成分**と言います。2×2行列の場合、左上の数は(1,1)成分、右上の数は(1,2)成分、左下の数は(2,1)成分、右下の数は(2,2)成分です(図3-24)。

前に、ベクトルを成分表示すると、$\vec{a}+\vec{b}$の各成分は、$\vec{a}$のそれぞれの成分と$\vec{b}$のそれぞれの成分の和になることを確認しました。スカラー倍(定数倍)は、それぞれの成分のスカラー倍になるのでしたね。

成分表示されたベクトルも行列の一種であることから想像できるように、行列の和やスカラー倍も同様の定義になっています。

たとえば、数学と英語の模試の成績について、点数と偏差値を行列にまとめたとしましょう。前回に比べて数学は10点増えて

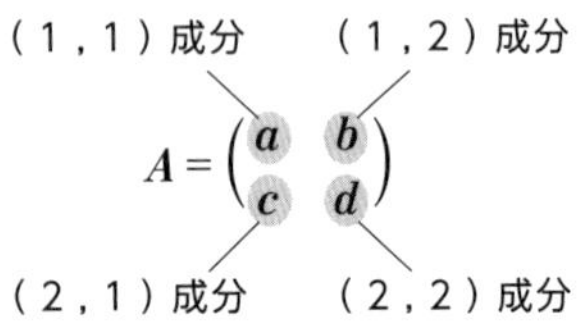

図 3-24

偏差値は5アップ、英語の方は20点増えて偏差値は7アップしたことを、

$$\begin{pmatrix} \text{数学の点数} & \text{英語の点数} \\ \text{数学の偏差値} & \text{英語の偏差値} \end{pmatrix} = \begin{pmatrix} 70 & 50 \\ 61 & 48 \end{pmatrix} + \begin{pmatrix} 10 & 20 \\ 5 & 7 \end{pmatrix} = \begin{pmatrix} 80 & 70 \\ 66 & 55 \end{pmatrix}$$

のように計算するのはごく自然なことですね。

行列の積

さあ、いよいよ行列どうしの積です。最初に断っておきますが、これから紹介する計算方法は多くの方にとってかなり違和感があるでしょう。あとで詳しく見るように、行列の積は、要はベクトルの内積の繰り返しなのですが、こうした新しい演算のルールというのは習うより慣れろという側面が強いと私は思います。新しい家電やアプリの操作方法のように、何度も使っているうちに、自然とできるようになるものです。この節は、できれば

$$\begin{pmatrix} 1 & 2 \\ 3 & 4 \end{pmatrix}\begin{pmatrix} x \\ y \end{pmatrix} = \begin{pmatrix} 5 \\ 11 \end{pmatrix} \Leftrightarrow \begin{cases} x + 2y = 5 \\ 3x + 4y = 11 \end{cases}$$

⬇

【行列とベクトルの積の定義】

$A = \begin{pmatrix} a & b \\ c & d \end{pmatrix}$、$\vec{x} = \begin{pmatrix} x \\ y \end{pmatrix}$ のとき

$$A\vec{x} = \begin{pmatrix} a & b \\ c & d \end{pmatrix}\begin{pmatrix} x \\ y \end{pmatrix} = \begin{pmatrix} ax + by \\ cx + dy \end{pmatrix}$$

図 3-25

紙と鉛筆を用意していただいて、実際に手を動かしながら読んでみてください。

行列とベクトルの積

連立方程式を行列とベクトルで表現することは、**行列とベクトルの積**を図3-25のように定義することを意味します。

行列Aの第1行と第2行をそれぞれベクトルと捉えて、

$\vec{u}=(a,b)$、$\vec{v}=(c,d)$

としましょう。すると行列Aとベクトル$\vec{x}$の積$A\vec{x}$は2つの内積$\vec{u}\cdot\vec{x}$と$\vec{v}\cdot\vec{x}$を縦に並べたものになることがわかります（次ページ参照）。

図3-26の図解からもわかるように、行列とベクトルの積では、行列の横に並んだ成分の個数とベクトルの縦に並んだ成分の個数が同じである必要があります。

$$\begin{pmatrix} a & b \\ c & d \end{pmatrix}\begin{pmatrix} x \\ y \\ z \end{pmatrix} \rightarrow \text{計算不能}$$

のような2×2行列と3次元の縦ベクトルの掛け算はできないのです。同じ理由で、2×2行列と2次元ベクトルであっても、ベクトルを横ベクトルにしてしまうとやはり計算できません。

$\begin{pmatrix} a & b \\ c & d \end{pmatrix}\begin{pmatrix} x & y \end{pmatrix}$ → 計算不能

$\vec{u} = (a, b) \quad \vec{x} = (x, y) \quad \vec{u}\cdot\vec{x} = ax + by$

$$\begin{pmatrix} a & b \\ c & d \end{pmatrix}\begin{pmatrix} x \\ y \end{pmatrix} = \begin{pmatrix} ax + by \\ cx + dy \end{pmatrix}$$

$$\begin{pmatrix} a & b \\ c & d \end{pmatrix}\begin{pmatrix} x \\ y \end{pmatrix} = \begin{pmatrix} ax + by \\ cx + dy \end{pmatrix}$$

$\vec{v} = (c, d) \quad \vec{x} = (x, y) \quad \vec{v}\cdot\vec{x} = cx + dy$

《例》 $\begin{pmatrix} 1 & 2 \\ 3 & 4 \end{pmatrix}\begin{pmatrix} 5 \\ 6 \end{pmatrix} = \begin{pmatrix} 1\times5 + 2\times6 \\ 3\times5 + 4\times6 \end{pmatrix} = \begin{pmatrix} 17 \\ 39 \end{pmatrix}$

図 3-26

行列と行列の積

　2つの行列の積は、行列とベクトルの積を横に並べたような形になります。

　これも図解しておきましょう（図3-27）。

行列の積の計算では左の行列は横ベクトル（成分を横に並べたベクトル）が縦に並んだもの、右の行列は縦ベクトル（成分を縦に並べたベクトル）が横に並んだものと考えて（ややこしいですね！）、それぞれ次のように内積を計算すれば求められます。

$$\overset{A}{\begin{pmatrix} a & b \\ c & d \end{pmatrix}}\begin{pmatrix} \overset{\vec{p}}{p} & \overset{\vec{q}}{q} \\ r & s \end{pmatrix} = \begin{pmatrix} \overset{A\vec{p}}{ap+br} & \overset{A\vec{q}}{aq+bs} \\ cp+dr & cq+ds \end{pmatrix}$$

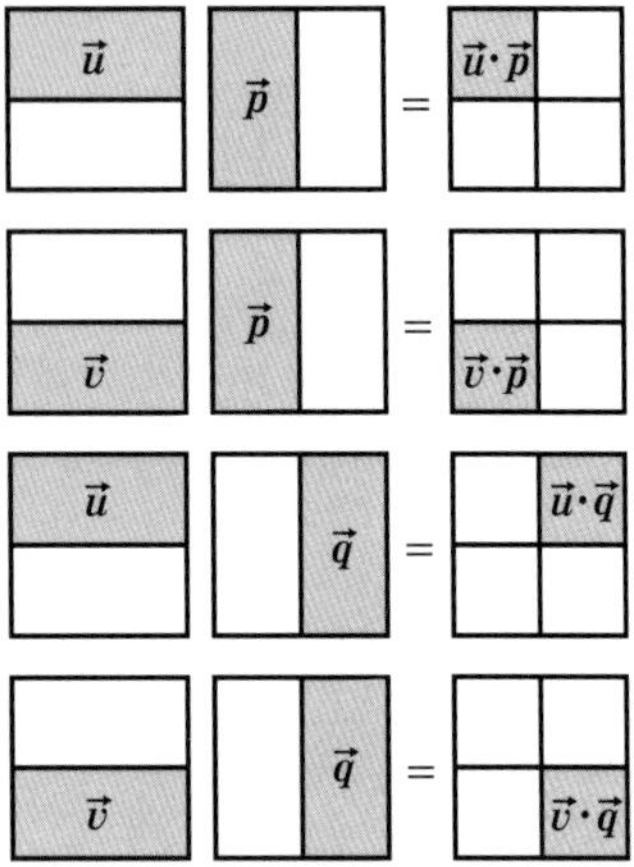

《例》 $A=\begin{pmatrix} 1 & 2 \\ 3 & 4 \end{pmatrix}$、$B=\begin{pmatrix} 4 & 3 \\ 2 & 1 \end{pmatrix}$ のとき

$$AB=\begin{pmatrix} 1 & 2 \\ 3 & 4 \end{pmatrix}\begin{pmatrix} 4 & 3 \\ 2 & 1 \end{pmatrix} = \begin{pmatrix} 1\times 4+2\times 2 & 1\times 3+2\times 1 \\ 3\times 4+4\times 2 & 3\times 3+4\times 1 \end{pmatrix} = \begin{pmatrix} 8 & 5 \\ 20 & 13 \end{pmatrix}$$

$$BA=\begin{pmatrix} 4 & 3 \\ 2 & 1 \end{pmatrix}\begin{pmatrix} 1 & 2 \\ 3 & 4 \end{pmatrix} = \begin{pmatrix} 4\times 1+3\times 3 & 4\times 2+3\times 4 \\ 2\times 1+1\times 3 & 2\times 2+1\times 4 \end{pmatrix} = \begin{pmatrix} 13 & 20 \\ 5 & 8 \end{pmatrix}$$

図 3-27

行列の積は非可換

図3-27の「例」の結果を見ると $AB \neq BA$ であることがわかります。

$AB \neq BA$ は行列の演算で最も気をつけなければいけない点です。

スカラーどうしの積も、ベクトルの内積も掛ける順序に関係なく結果は同じですが、一般に行列の積は掛ける順序が違うと結果も違います。これを「行列の積は非可換である」

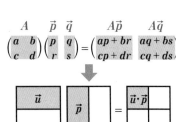

と言います。ただし、必ず$AB \neq BA$になるわけではなく、たまたまABとBAが同じ結果になる組み合わせもあります。

たとえば、

$$A=\begin{pmatrix}1 & 2\\ 3 & 4\end{pmatrix}、B=\begin{pmatrix}2 & 2\\ 3 & 5\end{pmatrix}$$

の場合は、

$$AB=BA=\begin{pmatrix}8 & 12\\ 18 & 26\end{pmatrix}$$

となり、$AB=BA$です（余力のある人は是非確かめてみてください）。

行列の積は非可換なので、掛け算（乗法）と呼ばれる演算では成立するはずの３つの法則（１８７ページ）のうち交換法則が成り立ちません。ということは、「行列の積」もまた大手を振って「掛け算」と呼べる演算ではなく、あくまで掛け算的な演算なのですが、呼称としては「行列の積」と呼ぶことになっています。

また行列Ａと行列Ｂの積ABを作ることを「**Aに右からBを掛ける**（あるいはBに左からAを掛ける）」と言い、積BAを作ることは「**Aに左からBを掛ける**（あるいはBに右からA

を掛ける)」のように言います。「掛ける」という言葉は使うのですが、行列の積では一般には交換法則が成り立たないことを考慮して、***AB*** なのか ***BA*** なのかがわかるように、どちらの側から「掛ける」のかを明言するのが決まりです。

逆行列とは

行列の演算の最難関である「行列の積」をクリアしましたので、もともとの目論見通り「連立1次方程式を画一的に解く方法」を準備していきましょう。

初心にかえって確認させていただくと、「$2x = 8$」というごく簡単な1次方程式を解くには両辺に「$\frac{1}{2}$」を掛けますね。言うまでもありませんが、そうする理由はxの係数を「1」にして「$x = \cdots$」の形を作るためです。

じつは、連立1次方程式を行列とベクトルで「$A\vec{x} = \vec{p}$」と表したときも、これを解くためには、$\vec{x}$の前が「1」になるような行列を両辺に掛けることを考えます。行列の場合、「1」に相当するのは**単位行列**と呼ばれる行列です。また行列Aとの積が単位行列になるような行列のことをAの**逆行列**と言います。

$$E\text{が単位行列} \Leftrightarrow AE = EA = A$$

2×2行列の単位行列 $E=\begin{pmatrix}1 & 0\\ 0 & 1\end{pmatrix}$　3×3行列の単位行列 $E=\begin{pmatrix}1 & 0 & 0\\ 0 & 1 & 0\\ 0 & 0 & 1\end{pmatrix}$

実際…

$$AE=\begin{pmatrix}a & b\\ c & d\end{pmatrix}\begin{pmatrix}1 & 0\\ 0 & 1\end{pmatrix}=\begin{pmatrix}a\times1+b\times0 & a\times0+b\times1\\ c\times1+d\times0 & c\times0+d\times1\end{pmatrix}=\begin{pmatrix}a & b\\ c & d\end{pmatrix}=A$$

$$EA=\begin{pmatrix}1 & 0\\ 0 & 1\end{pmatrix}\begin{pmatrix}a & b\\ c & d\end{pmatrix}=\begin{pmatrix}1\times a+0\times c & 1\times b+0\times d\\ 0\times a+1\times c & 0\times b+1\times d\end{pmatrix}=\begin{pmatrix}a & b\\ c & d\end{pmatrix}=A$$

$$\therefore\ AE=EA=A$$

図 3-28

単位行列

左上から右下に向かう対角線上の成分がすべて1で他の成分が0である行列を「**単位行列**」と言います。単位行列は「単位」を表すドイツ語の Einheit の頭文字をとってEと書くことが多いです。

上に、2×2行列と3×3行列の単位行列を示します（図3-28）。なお単位行列は、n×n行列すなわち数が正方形状に並んだ行列でないと定義されません。

Eが単位行列のとき、行列の積 **AE も EA も A になります。**

2×2行列について実際に計算してみた結果を示しますので確認してみてください。

数の場合、任意の数aに1を掛けてもaのままですね。単位行列のEもこれと同じ性質を持っているので、Eは行列における「1」のような存在です。

$$A = \begin{pmatrix} a & b \\ c & d \end{pmatrix} \Rightarrow A^{-1} = \frac{1}{ad - bc}\begin{pmatrix} d & -b \\ -c & a \end{pmatrix}$$

《例》 $A = \begin{pmatrix} 1 & 2 \\ 3 & 4 \end{pmatrix}$ のとき、

$$A^{-1} = \frac{1}{1\times 4 - 2\times 3}\begin{pmatrix} 4 & -2 \\ -3 & 1 \end{pmatrix} = \frac{1}{-2}\begin{pmatrix} 4 & -2 \\ -3 & 1 \end{pmatrix} = \frac{1}{2}\begin{pmatrix} -4 & 2 \\ 3 & -1 \end{pmatrix}$$

$$\begin{aligned} \Rightarrow AA^{-1} &= \begin{pmatrix} 1 & 2 \\ 3 & 4 \end{pmatrix}\cdot\frac{1}{2}\begin{pmatrix} -4 & 2 \\ 3 & -1 \end{pmatrix} \\ &= \frac{1}{2}\begin{pmatrix} 1\times(-4)+2\times 3 & 1\times 2+2\times(-1) \\ 3\times(-4)+4\times 3 & 3\times 2+4\times(-1) \end{pmatrix} \\ &= \frac{1}{2}\begin{pmatrix} 2 & 0 \\ 0 & 2 \end{pmatrix} = \begin{pmatrix} 1 & 0 \\ 0 & 1 \end{pmatrix} = E \end{aligned}$$

$$\begin{aligned} \Rightarrow A^{-1}A &= \frac{1}{2}\begin{pmatrix} -4 & 2 \\ 3 & -1 \end{pmatrix}\begin{pmatrix} 1 & 2 \\ 3 & 4 \end{pmatrix} \\ &= \frac{1}{2}\begin{pmatrix} (-4)\times 1+2\times 3 & (-4)\times 2+2\times 4 \\ 3\times 1+(-1)\times 3 & 3\times 2+(-1)\times 4 \end{pmatrix} \\ &= \frac{1}{2}\begin{pmatrix} 2 & 0 \\ 0 & 2 \end{pmatrix} = \begin{pmatrix} 1 & 0 \\ 0 & 1 \end{pmatrix} = E \end{aligned}$$

図 3-29

一般に行列の積は非可換ですが、n×nの任意の行列Aに対し、n×nの単位行列Eを右から掛けても左から掛けても両者の積はAになります。つまりAとEは「可換」です。

逆行列

数の計算の場合、0でない数aにその逆数である「$\frac{1}{a}$」を掛けると1になりますね（2つの数の積が1のとき、一方の数を他方の数の逆数と言います）。

行列の場合、逆数に相当するものを逆行列と言います。行列

$$\begin{cases} x + 2y = 5 \\ 3x + 4y = 11 \end{cases} \Rightarrow \begin{pmatrix} 1 & 2 \\ 3 & 4 \end{pmatrix}\begin{pmatrix} x \\ y \end{pmatrix} = \begin{pmatrix} 5 \\ 11 \end{pmatrix}$$

左から $A = \begin{pmatrix} 1 & 2 \\ 3 & 4 \end{pmatrix}$ の逆行列 $A^{-1} = \frac{1}{2}\begin{pmatrix} -4 & 2 \\ 3 & -1 \end{pmatrix}$ を掛ける

$$\Rightarrow \frac{1}{2}\begin{pmatrix} -4 & 2 \\ 3 & -1 \end{pmatrix}\begin{pmatrix} 1 & 2 \\ 3 & 4 \end{pmatrix}\begin{pmatrix} x \\ y \end{pmatrix} = \frac{1}{2}\begin{pmatrix} -4 & 2 \\ 3 & -1 \end{pmatrix}\begin{pmatrix} 5 \\ 11 \end{pmatrix}$$

$$\Rightarrow \begin{pmatrix} 1 & 0 \\ 0 & 1 \end{pmatrix}\begin{pmatrix} x \\ y \end{pmatrix} = \frac{1}{2}\begin{pmatrix} (-4)\times 5 + 2\times 11 \\ 3\times 5 + (-1)\times 11 \end{pmatrix}$$

$$\Rightarrow \begin{pmatrix} x \\ y \end{pmatrix} = \frac{1}{2}\begin{pmatrix} 2 \\ 4 \end{pmatrix}$$

$$\Rightarrow \begin{pmatrix} x \\ y \end{pmatrix} = \begin{pmatrix} 1 \\ 2 \end{pmatrix}$$

図 3-30

の場合「1」に相当するのは単位行列Eなので、行列Aと行列Xが、

$$AX=XA=E$$

を満たすときXはAの逆行列です。Aの逆行列はA^{-1}と表します（Aインバースと読みます）。

2×2行列の場合の逆行列は図3－29のような形になります。

例（図3－29）を見ても、確かにこのようにして作った行列A^{-1}は「$AA^{-1}=A^{-1}A=E$」を満たすことがわかります。ここのところは面倒ではありますが、是非実際に計算してみてください。途中の計算は違うのに、A^{-1}は右から掛けても左から掛けても結果は単位行列になることを実感していただくことが、逆行列の感覚を養う上でも重要です。

逆行列を使って連立1次方程式を解く

ではいよいよ、行列を使って連立1次方程式を解いてみましょう。手順は次の通りです。

《連立1次方程式を解く手順》

① 連立方程式を行列とベクトルの積で書く
② 行列の逆行列を求める
③ ①の両辺に左から逆行列を掛ける

具体的な計算の進め方は前ページ図3−30をご覧ください。

中学のときに、連立方程式の解法として「代入法」と「加減法」を習いました。当時の方法と比べて、前ページの手順は随分面倒に感じたかもしれません。でもそれは人間が手計算で解くことを前提にしているからです。コンピュータが解くことを想定してください。計算が得意なコンピュータにとっては、型通りに右の①〜③の手順を踏むことは造作もないことです。

それに、学生時代に解かされた連立方程式の問題の多くは未知数の数が2個でした。たまに多いときがあっても3個か4個までだったのではないでしょうか。それなら（解や係数が意地悪な値でなければ）代入法や加減法で解くのはそう難しくありません。

しかし、現実の社会に登場する連立方程式は、未知数が5個も6個も10個もあるケースがあります。そうなってくると代入法や加減法で解くのは至難の業です。どの未知数について解いてどの式に代入すればいいのかとか、どの式とどの式を組み合わせて足したり引いたりしたらいいのか、などをケースバイケースで判断する必要があり、一つひとつの決定は非常に厄介です。

しかし、逆行列を使って解く場合はいくら未知数の数が増えても、手順に変わりはありません。

じつは3×3行列の逆行列を求める公式はかなり複雑です。ご興味のある方は「3×3逆行列」でネット検索してみてください。おそらく驚かれると思います。でも手順さえいつも同じなら、複雑な逆行列を求めたり、逆行列とベクトルの積を計算したりすることはコンピュータにとっては容易《たやす》いことなのです。

これについてはこんなエピソードが残っています。

1940年代の後半に経済学者のワシリー・レオンチェフは統計学者のジェローム・コーンフィールドの助けを借りて「各産業分野間でどれだけ原材料を購入したり製品を販売

したりしているか」をまとめて、いわゆる「産業連関分析」を行なおうとしました。主たる目的は、それぞれの産業がどれだけ生産すれば、全体の需要を過不足なく満たせるかを知ることです。

しかし、それをするためには産業の数だけの未知数を含む連立方程式を解かなくてはなりません。レオンチェフとコーンフィールドは産業を24の分野に分けたため、24個の未知数を持つ連立方程式を解く必要がありました。ここまで未知数が多くなると、代入法や加減法ではお手上げです。かと言って人間の手で逆行列を求めようとすると「毎日計算しても数百年かかる」ほどの計算量でした。

そこで、彼らはコンピュータを使って24×24行列の逆行列を求めることを画策します。当時のコンピュータはまだ黎明期だったため、現代の感覚からすると貧弱な計算力しか持ち合わせていなかったのですが、それでも何とか逆行列を求めることに成功し、のちにレオンチェフはノーベル経済学賞を受賞しています。

ちなみに現代のコンピュータでは、たとえ未知数が数百個あろうとも、逆行列を求めることは難しくありません。

鍵を握る「行列式」

では、逆行列を使えば、必ず連立1次方程式は解けるのでしょうか？　実はそうとは限りません。

その鍵を握っているのは**「行列式」**と呼ばれる式の値です。

行列式は英語では determinant と言います。「決定する」という意味の determine から派生した用語なので「決定式」と呼んだほうがこの式の重要性も伝わっていいような気がしますが、なぜか「行列式」と訳されました。

2×2行列の行列式は、縦横に2つずつ並んだ数字を「たすき掛け」に掛け算し、左上と右下の数の積から、右上と左下の数の積を引いて計算します（図3-31）。

212ページの逆行列の定義式を見てください。先頭に分数がありますね。その分母にある「$ad - bc$」が2×2行列の行列式です。

3×3行列の逆行列もやはり「$\frac{1}{行列式}$」という分数が先頭に付きます。

ご存知の通り、数学では**0で割ることは許されないので、行列式**

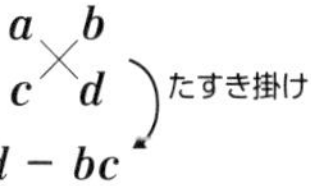

$$\begin{pmatrix} a & b \\ c & d \end{pmatrix} \text{の行列式} \Rightarrow ad - bc$$

図3-31

が0になるときは、逆行列は存在しないことになっています。もし行列式が0になると逆行列の先頭の分数は「1÷0」を意味することになり、数学の禁を犯してしまうからです。

行列式が0になるときは、逆行列は存在しないので、当然逆行列を使って連立1次方程式を解くことはできません。

なぜ0で割ってはいけないのか

行列式が0になることの意味はのちほどお伝えするとして、そもそもなぜ数学では「0で割ってはいけない」のでしょうか？

端的に言えば、**0で割ることを許すと、明らかに不合理な結論が得られてしまう**からです。0で割ってしまったせいで論理が破綻《はたん》する例はたくさんあります。

たとえば、

2×3＝6　⇕　2＝6÷3

と同じように考えて、

2×0＝0　⇕　2＝0÷0
3×0＝0　⇕　3＝0÷0

4×0＝0　⇕　4＝0÷0

と計算してしまうと、2も3も4も「0÷0」になります。しかし

2＝3＝4（＝0÷0）

というのは明らかに間違った結論ですね。

また、コンピュータがプログラム上で0による割り算をしようとすると、多くのコンピュータはエラーに繋がり、時折未処理のままプログラムが中断することになってしまいます。過去には実際にこんなことがありました。

1997年、アメリカの誘導ミサイル巡洋艦USSヨークタウンは、搭載コンピュータが0で割る演算を行なったために、全システムがダウンしてしまい、2時間30分にわたって航行不能に陥《おちい》ってしまったのです。幸い、大きな事故には繋がりませんでしたが、もし、これが飛行機の搭載コンピュータであったなら、きっと乗員の命はなかったことでしょう。

覚醒剤が禁止されているのは、覚醒剤は人の心や体を壊し、人としての生活を送ることができなくするからです。それは人間としての死を意味します。数式を0で割るという行為が禁止されているのも、同じく**論理の「死」に繋がる**からなのです。

連立方程式の不能と不定

連立方程式に話を戻しましょう。

連立方程式の中には解が求められないものや、無数に解があるものが存在することをご存知でしょうか。

たとえば、

$$\begin{cases} x+2y=2 \cdots ① \\ 2x+4y=8 \cdots ② \end{cases}$$

という連立方程式を考えます。試しにこれを加減法や代入法で解いてみてください。「0＝4」のようになって、意味の通らない式が出てきてしまいます。

$$\begin{cases} x+2y=2 \cdots ① \\ 2x+4y=4 \cdots ③ \end{cases}$$

のほうはどうでしょうか？　これを解こうとすると今度は「0＝0」という当たり前の式が出てきて、やっぱり困惑させられます。

これらの連立方程式の解が求められない理由をはっきりさせるために、グラフで考えてみましょう。

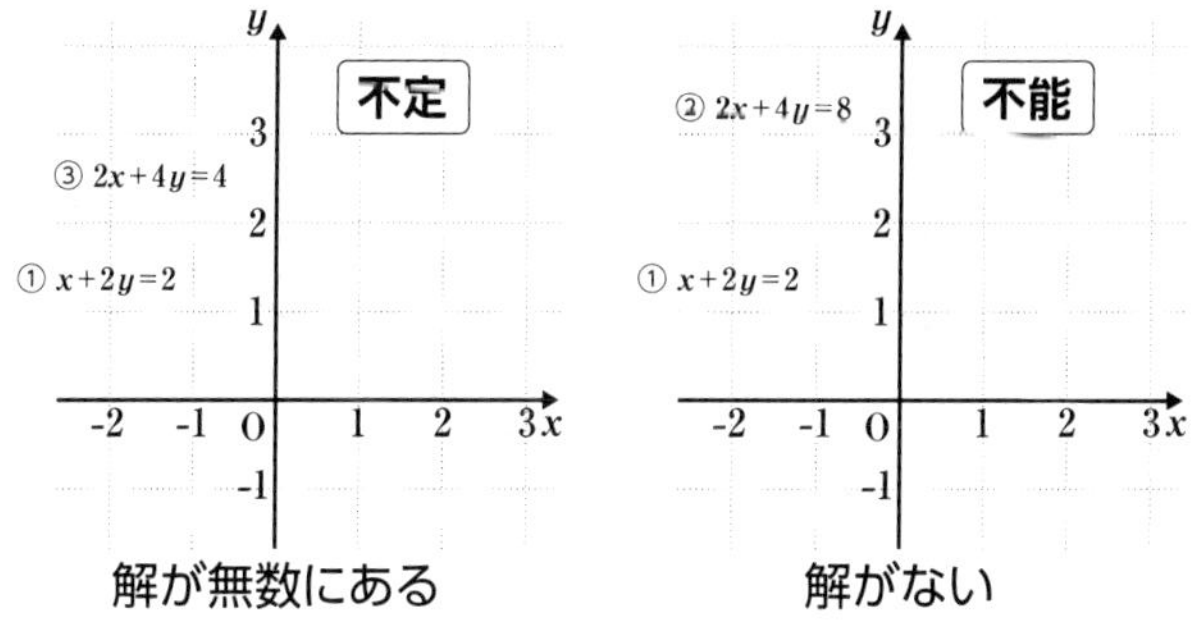

図3-32

たとえば前ページの①の式は、変形すれば「$y=-\frac{1}{2}x+1$」という一次関数の式になることからもわかるように、座標平面上では直線を表します。

一般にxとyが変数のとき「$ax+by=c$」の形の方程式が表すグラフは直線です。

第2章に方程式が表すグラフは、方程式の「＝」を成立させる点の集合の図形だと書きました。座標平面上に2つのグラフがあって、それらのグラフが交《まじ》わっていると、どちらのグラフの上にもあるその交点は、どちらの方程式の「＝」も成立させる点です。すなわち、**交点は連立方程式の解である**と言えます。

図3-32のグラフを見てください。

①の方程式が表す直線と②の方程式が表す直線

は平行になっていますね。つまりこの2直線には交点がありません。交点がないということは、①と②の連立方程式には解がない（2式を同時に満たすxとyの値の組が存在しない）ことを意味します。このような連立方程式を**不能**と言います。

一方、①の方程式の両辺を2倍すると③の方程式になることから、①と③が表す2本の直線は完全に重なります。言わば「交点」は無数にあるわけです。こうした場合は、直線上のすべての点の座標が①と③の方程式を同時に満たす解となり、①と③の連立方程式の解は1つに定めることができません。このような連立方程式を**不定**と言います。

行列式＝0の意味

不能の場合は2直線は平行となり、不定の場合は2直線は一致することから、いずれの場合も2本の直線の**傾きは同じ**です。

図3‐33の式変形からもわかるように、**2本の直線の傾きが等しいことは行列式「$ad-bc$」が0になること**を意味します。

逆に言うと、$ad-bc\neq0$でありさえすれば、連立方程式が表す2本の直線の傾きは異なるので、2本の直線は必ず1点で交わり、その交点の座標（連立方程式の解）は、逆行列

$$\begin{cases} ax + by = p & \Rightarrow \quad y = -\dfrac{a}{b}x + \dfrac{p}{b} \\ cx + dy = q & \Rightarrow \quad y = -\dfrac{c}{d}x + \dfrac{q}{d} \end{cases}$$

傾き（$-\dfrac{a}{b}$）　傾き（$-\dfrac{c}{d}$）

「傾き」が等しいとき

$$-\frac{a}{b} = -\frac{c}{d} \Leftrightarrow \frac{a}{b} = \frac{c}{d}$$

$$\Leftrightarrow a:b = c:d$$

$$\Leftrightarrow ad = bc$$

$$\Leftrightarrow \underbrace{ad - bc}_{\text{行列式}} = 0$$

図 3-33

を用いて求めることができます。

結局、行列式が0となって逆行列が存在しないときというのは、連立方程式が解けない(解がない)ケースか、解が無数にあるケースかのいずれかであるときなのです。

行列式と関孝和

じつは、世界で初めて「行列式」の概念を発表したのは日本人です。

数学の歴史を紐解くと、大きな足跡を残したのはピタゴラス、アルキメデス、デカルト、ニュートン、ライプニッツ、リーマン……といった西洋の大数学者たちであることがよくわかります。しかし、そんな中にあって東洋のしかも鎖国中の日本に忽然《こつぜん》と現れた数学の巨星がありました。それが江戸時代の和算の大家、関孝和《せきたかかず》（1642?－1708）です。

関は、円周率の計算や「べき乗《じょう》和《わ》」（$1^k+2^k+3^k+\cdots$）の研究等においても当時の世界をリードする驚くべき業績を残していますが、連立方程式の解法についても詳しく研究しました。その成果は1683年に関が書いた『解伏題《かいふくだい》之《の》法《ほう》』という書にまとめられています。当時は複数の未知数が登場する問題を「解伏題」と呼んでいました。

関は、解伏題（連立方程式）の一般的な解法を研究する中で、2×2行列だけでなく、3×3行列と4×4行列についても行列式をきちんと定義しています。

一方の西洋における最も古い行列式のアイディアの痕跡はライプニッツの個人的なノートに残されています。ライプニッツはこれを1678年に書いたようなので、関の『解伏題之法』よりも数年早かったことになりますが、ライプニッツは公表しなかったので、西洋において「行列式」のアイディアが広く知られるようになったのは日本より50年ほどあとのことでした。

しかも関は、『解伏題之法』の中で行列式の覚え方まで図解付きで解説しています。

現代では、3×3行列の行列式の覚え方は「サラスの方法」と呼ばれるもの（左の2列を第3列の右側に書き写し、左上から右下への積は＋《プラス》、右上から左下への積は－《マイナス》と考える上のよ

関・サラスの方法

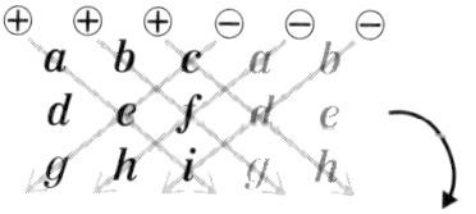

$$\begin{pmatrix} a & b & c \\ d & e & f \\ g & h & i \end{pmatrix}\text{の行列式} \Rightarrow aei+bfg+cdh-ceg-afh-bdi$$

図 3-34

うな方法）が世界的に有名ですが、それは関が考案したものとまったく同じです。ピエール・サラス（1798－1861）は19世紀に活躍した数学者であり、関のほうが150年近くも早く提唱していることから「サラスの方法」ではなく、「関の方法」もしくはせめて「関・サラスの方法」（図3－34）と呼ぶべきだと言う人もいます。

　鎖国をしていた江戸にあって、西洋の数学についての知見を得るのは難しかったはずの関孝和が、どうしてこんなにも時代を先んじる業績を残すことができたのかは今も大きな謎のままです。ただ、関の登場によって、後世の和算家たちが多大な恩恵を受けたことは間違いありません。俳句の松《まつ》尾《お》芭《ば》蕉《しょう》を「俳聖」、茶道の千《せんの》利《り》休《きゅう》を「茶聖」と呼ぶように、関孝和は「算聖」と呼ばれています。

線形変換

これまでは、連立１次方程式の解法にばかり注目してきましたが、線形代数にはもう１つの柱があります。それがこれからお話しする「**線形変換**」です。昔、高校でも行列を教えていた時代は「線形変換」は「１次変換」と呼ばれていましたが、大学以降ではふつう「線形変換」と言います。

線形変換とは、すなわち「線形の式」で表される変換のことです。

線形変換が活躍するシーンはきわめて多岐にわたりますが、応用例はのちほどお伝えすることにして、まずは「変換」される様子が最も直感的に理解できる「点の移動」についてお話ししましょう。

コンピュータやスマートフォンの画面上に現れる画像は、ピクセルと呼ばれる細かい粒で構成されています。最近は高精細なテレビやディスプレイの謳《うた》い文句として「４Ｋ」という言葉をよく目にするようになりました。Ｋはkgのkと同じく「×１０００」を表していて、「４Ｋ」とは、画面の長いほうの画素数（ピクセル数）が約４０００個であることを示しています。ふつうの４Ｋテレビは、縦には約２０００個のピクセルが並んでいますから、画面全体には４０００×２０００（正確には、３８４０×２１６０）の、すなわち約８００万個ものピクセルが並んでいます。ちなみに「フルＨＤ（１９２０×１０８０）」の場合、ピクセルの総数は約２００万個です。当然、画面のサイズが同じなら、ピクセルの総数（画素数とも言います）が多ければ多いほど、高精細な画質が得られます。

家庭サイズのテレビやモニターの場合、４Ｋはもちろん、フルＨＤでも十分きれいなので、そこに映る画像が「点」の集合であることには気づきにくいのですが、実際は小さなピクセルの集まりです。細かいピクセルの一つひとつには色情報が割り当てられていて、その位置は座標によって決められています。

スマートフォンで撮った写真をＳＮＳに投稿する際、加工してからアップロードする人は少なくないようですが、それを可能にしているのは線形変換です。

線形変換を使えば、ある色情報を持ったピクセルを移動したり、全体を特定の方向に拡大縮小したり、回転移動したりすることができます。

線形変換による点の移動

座標平面上で点 $P(x, y)$ が点 $P'(x', y')$ に移るとき「線形の式」を使って次のように表

$$\begin{cases} x' = ax + by \\ y' = cx + dy \end{cases} \text{のとき}$$

$$\begin{pmatrix} x' \\ y' \end{pmatrix} = \begin{pmatrix} a & b \\ c & d \end{pmatrix} \begin{pmatrix} x \\ y \end{pmatrix}$$

$$A = \begin{pmatrix} a & b \\ c & d \end{pmatrix} \text{とすれば}$$

$$\begin{pmatrix} x' \\ y' \end{pmatrix} = A \begin{pmatrix} x \\ y \end{pmatrix}$$

図 3-35

せるのであれば、この移動は「**線形変換**」です（図3－35）。

$$\begin{cases} x' = ax + by \\ y' = cx + dy \end{cases}$$

このとき、移動後のP'の座標（x',y'）は行列と移動前のPの座標（x,y）を使って、上のように書くことができます。

ただ、こう文字ばかりではピンときづらいと思いますので、簡単な線形変換の例をいくつか紹介したいと思います。

《線形変換の例①：原点に関する対称移動》

座標平面上で原点に関する対称移動によって、点P(x, y)が点P'(x', y')に移ったとすると、

$$\begin{cases} x' = -x \\ y' = -y \end{cases}$$

の関係があります。

これは図3-36のように書き換えることができるので、原点に関する対称移動は、

$$A = \begin{pmatrix} -1 & 0 \\ 0 & -1 \end{pmatrix}$$

が表す線形変換です。

ある図形を構成するピクセルのすべてをこの行列Aを使って線形変換すれば、図形全体を原点に関して対称移動（上下左右を逆さまに）することができます。

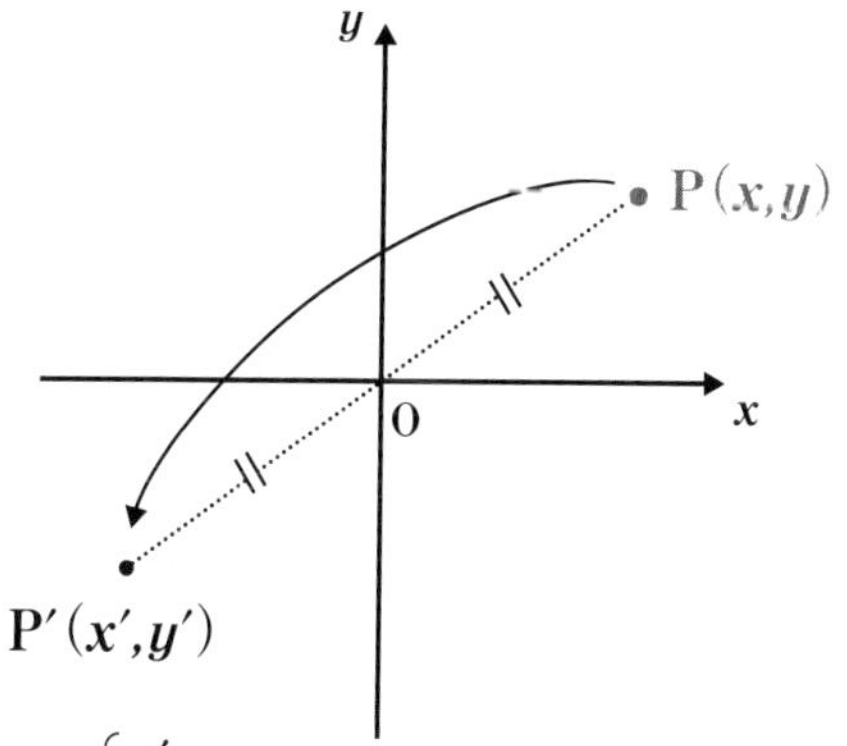

$$\begin{cases} x' = -x \\ y' = -y \end{cases}$$ のとき

$$\begin{cases} x' = (-1) \cdot x + 0 \cdot y \\ y' = 0 \cdot x + (-1) \cdot y \end{cases}$$

$$\Rightarrow \begin{pmatrix} x' \\ y' \end{pmatrix} = \begin{pmatrix} -1 & 0 \\ 0 & -1 \end{pmatrix} \begin{pmatrix} x \\ y \end{pmatrix}$$

⬇

$A = \begin{pmatrix} -1 & 0 \\ 0 & -1 \end{pmatrix}$ の線形変換

図3-36

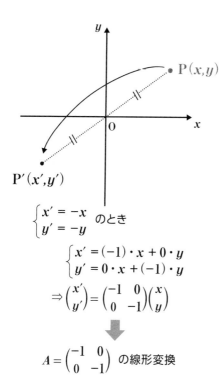

《線形変換の例②：x方向だけ2倍拡大》

今度はx方向だけ2倍に拡大する移動を考えましょう。同じく点$P(x,y)$が点$P'(x',y')$に移ったとすると、2組の座標の間には、

$$\begin{cases} x'=2x \\ y'=y \end{cases}$$

の関係があるというわけです。

今回は、図3-37のように書き換えることができるので、x方向だけ2倍に拡大する移動は、

$$B=\begin{pmatrix} 2 & 0 \\ 0 & 1 \end{pmatrix}$$

が表す線形変換です。

ある図形を構成するピクセルのすべてをこの行列Bを使って線形変換すれば、図形全体をx方向だけ2倍に拡大することができるので、元の図形より横方向に延びたふくよかな図形になります。

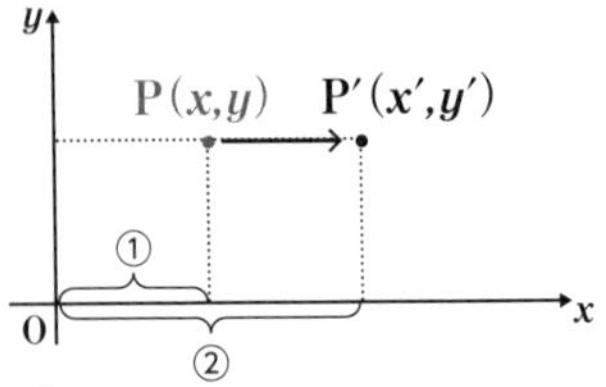

$\begin{cases} x' = 2x \\ y' = y \end{cases}$ のとき

$$\begin{cases} x' = 2 \cdot x + 0 \cdot y \\ y' = 0 \cdot x + 1 \cdot y \end{cases}$$

$$\Rightarrow \begin{pmatrix} x' \\ y' \end{pmatrix} = \begin{pmatrix} 2 & 0 \\ 0 & 1 \end{pmatrix} \begin{pmatrix} x \\ y \end{pmatrix}$$

$B = \begin{pmatrix} 2 & 0 \\ 0 & 1 \end{pmatrix}$ の線形変換

図 3-37

《線形変換の例③：原点のまわりの回転移動》

次は、原点のまわりに60°回転させる移動を考えてみましょう。

今回は趣向を変えて、具体的な点の移動からこの線形変換を表す行列がどのようなものかを探ってみたいと思います。計算に使う点の移動は次の2つです（30°・60°・90°の有名な直角三角形の各辺の比が1：2：$\sqrt{3}$であることを使っています）。

$(2, 0) \to (1, \sqrt{3})$

$(1, \sqrt{3}) \to (-1, \sqrt{3})$

次のページは丸々数式で埋め尽くしてしまってごめんなさい！

でも、これまでにお伝えしたことを復習する良い例題（図3-38）になっていますので、是非手を動かしながら、計算を追いかけてみていただきたいと思います。

逆行列の作り方、ある行列とその行列の逆行列を掛けると単位行列（数字で言えば「1」と同じ働きをする行列）になること、行列の積の計算方法など、すべてをクリアできれば本書のレベルは免許皆伝です！　最後に求められた行列を、三角関数を使って書きました。

一般に、原点を中心とする角度θの回転移動を表す行列は、

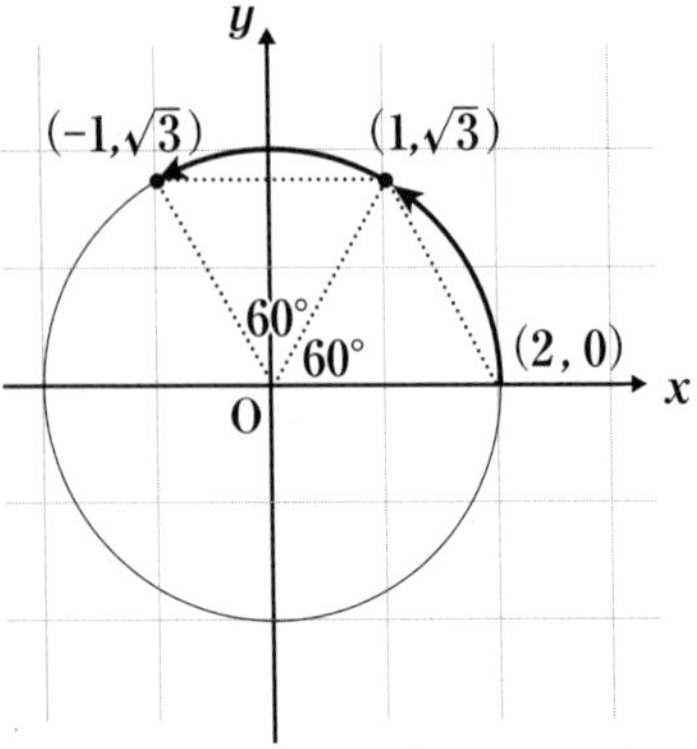

原点のまわりの60°回転を表す行列を

$$C=\begin{pmatrix} a & b \\ c & d \end{pmatrix}$$ とする。

$$\begin{pmatrix} a & b \\ c & d \end{pmatrix}\begin{pmatrix} 2 \\ 0 \end{pmatrix}=\begin{pmatrix} 1 \\ \sqrt{3} \end{pmatrix}$$

$$\begin{pmatrix} a & b \\ c & d \end{pmatrix}\begin{pmatrix} 1 \\ \sqrt{3} \end{pmatrix}=\begin{pmatrix} -1 \\ \sqrt{3} \end{pmatrix}$$

$$\Rightarrow \begin{pmatrix} a & b \\ c & d \end{pmatrix}\begin{pmatrix} 2 & 1 \\ 0 & \sqrt{3} \end{pmatrix}=\begin{pmatrix} 1 & -1 \\ \sqrt{3} & \sqrt{3} \end{pmatrix}$$

$$\Rightarrow \begin{pmatrix} a & b \\ c & d \end{pmatrix}\underbrace{\begin{pmatrix} 2 & 1 \\ 0 & \sqrt{3} \end{pmatrix}\begin{pmatrix} 2 & 1 \\ 0 & \sqrt{3} \end{pmatrix}^{-1}}_{=E\ (\text{単位行列})}=\begin{pmatrix} 1 & -1 \\ \sqrt{3} & \sqrt{3} \end{pmatrix}\begin{pmatrix} 2 & 1 \\ 0 & \sqrt{3} \end{pmatrix}^{-1}$$

$$\Rightarrow \begin{pmatrix} a & b \\ c & d \end{pmatrix}=\begin{pmatrix} 1 & -1 \\ \sqrt{3} & \sqrt{3} \end{pmatrix}\cdot\frac{1}{2\sqrt{3}-1\cdot 0}\begin{pmatrix} \sqrt{3} & -1 \\ 0 & 2 \end{pmatrix}$$

$$=\frac{1}{2\sqrt{3}}\begin{pmatrix} 1 & -1 \\ \sqrt{3} & \sqrt{3} \end{pmatrix}\begin{pmatrix} \sqrt{3} & -1 \\ 0 & 2 \end{pmatrix}$$

$$=\frac{1}{2\sqrt{3}}\begin{pmatrix} 1\cdot\sqrt{3}+(-1)\cdot 0 & 1\cdot(-1)+(-1)\cdot 2 \\ \sqrt{3}\cdot\sqrt{3}+\sqrt{3}\cdot 0 & \sqrt{3}\cdot(-1)+\sqrt{3}\cdot 2 \end{pmatrix}$$

$$=\frac{1}{2\sqrt{3}}\begin{pmatrix} \sqrt{3} & -3 \\ 3 & \sqrt{3} \end{pmatrix}$$

$$=\begin{pmatrix} \frac{1}{2} & -\frac{\sqrt{3}}{2} \\ \frac{\sqrt{3}}{2} & \frac{1}{2} \end{pmatrix}=\begin{pmatrix} \cos 60^\circ & -\sin 60^\circ \\ \sin 60^\circ & \cos 60^\circ \end{pmatrix}$$

図 3-38

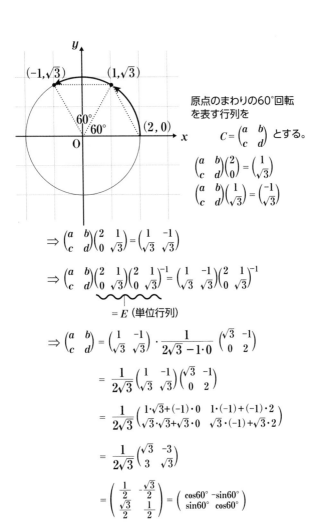

$$\begin{pmatrix} \cos\theta & -\sin\theta \\ \sin\theta & \cos\theta \end{pmatrix}$$

と表せます。

なお、このような方法（具体的な2点の移動からその移動を表す行列を求めること）で線形変換の行列が求められるのは、あらかじめその移動が線形変換だとわかっている場合に限られます。線形変換ではない点の移動であっても、具体的な2点の移動を追いかければ、今回と同じ手順で行列は求められますが、その行列はその特定の2点の移動を表すだけで、任意の点の移動がその行列で表せるわけではありません。

線形変換の意味

線形変換によって点が移動することの意味をもう少し掘り下げてみましょう。そのためにはまず「座標」について詳しく考察する必要があります（図3-39）。

点Pの座標が (p,q) であることは、$\overrightarrow{OP}$ の成分が (p,q) であることを意味します。そして、上のように考えると、結局 $\overrightarrow{OP}$ のというのは $\vec{e_1}=\begin{pmatrix}1\\0\end{pmatrix}$ をp倍したベクトルと $\vec{e_2}=\begin{pmatrix}0\\1\end{pmatrix}$ をq倍したベクトルの和で表せます。このとき、$\vec{e_1}$ と $\vec{e_2}$ を「**基底**」と言い、**座標とはそれ**

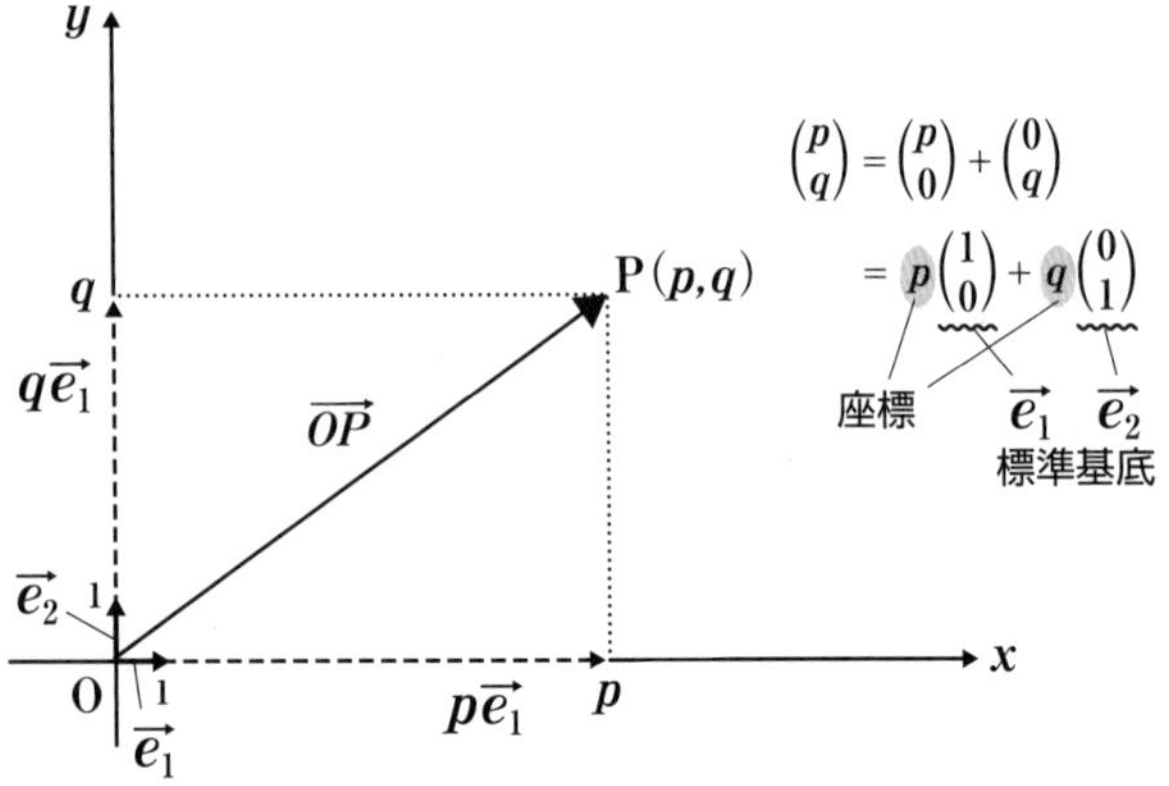

図 3-39

それの基底の前に付くスカラーを組み合わせたものであると言えるのです。

じつは、何を基底にするかは、とくに決まりはありません。その中で$\vec{e_1}$と$\vec{e_2}$のように1つの成分だけが「1」で他の成分は「0」であるような基底を「標準基底」と言います。

結局、**線形変換とは基底の変換**です。座標を基底の前に付くスカラーと考えるのなら、線形変換の前と後で座標に違いはありません。

先ほどの線形変換の例②（x方向だけ2倍拡大）で見てみましょう（図3-40）。この線形変換を表す行列は、

$$\begin{pmatrix} 2 & 0 \\ 0 & 1 \end{pmatrix}$$

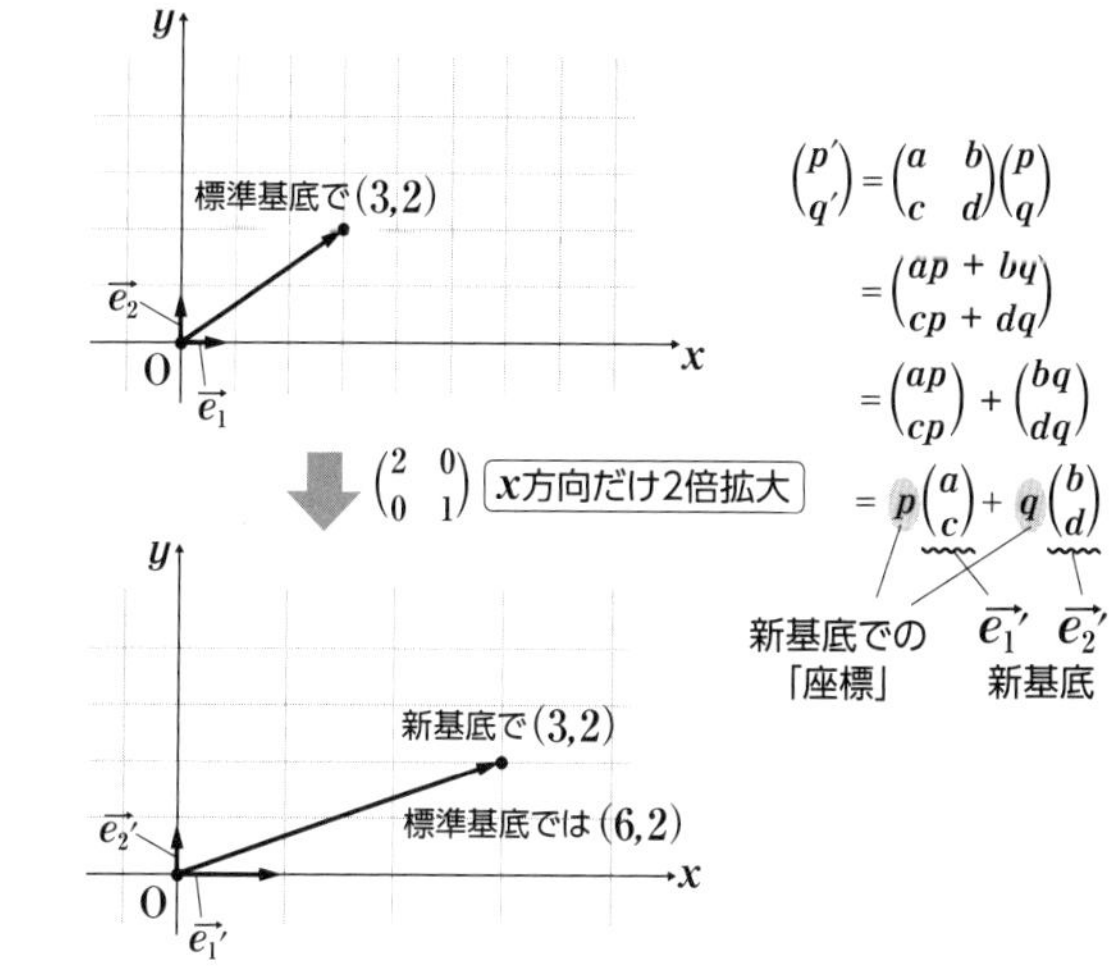

図 3-40

でした。これにより変換後の新しい基底は

$\vec{e_1'}=\begin{pmatrix}2\\0\end{pmatrix}$ と $\vec{e_2'}=\begin{pmatrix}0\\1\end{pmatrix}$ になります。

この変換によって、(3,2) という点は、標準基底のもとでは (6,2) に移りますが、新しい基底のもとではやはり (3,2) のままなのです。

三角関数の定義がわかる方は、原点のまわりにθだけ回転したとき、

$\vec{e_1}=\begin{pmatrix}1\\0\end{pmatrix}$ は $\vec{e_1'}=\begin{pmatrix}\cos\theta\\ \sin\theta\end{pmatrix}$ に、

$\vec{e_2}=\begin{pmatrix}0\\1\end{pmatrix}$ は $\vec{e_2'}=\begin{pmatrix}-\sin\theta\\ \cos\theta\end{pmatrix}$ に、

移ることを確認してください（図3-41）。そうすれば、「原点を中心とする角度θの回転移動を表す行列」が232ページの形になることを納得していただけると思います。

逆行列による線形変換

ある点Pが行列Aの線形変換によって点P'に移るなら、**あべこべに点P'は行列Aの逆行列A^{-1}によって元の点Pに戻ります。**

ただしそれは、Aの逆行列が存在するときに限った話です。

それでは逆行列が存在しないときは、どうなってしまうのでしょうか？

結論から言うと、逆行列が存在しない（行列式＝0の）行列による線形変換を行なうと、**平面上のすべての点は1本の直線上に移ります。**言わば、全平面が一直線に押し込められる（縮退する）わけです。

そのわけを具体例（**図3-42**）で考えてみましょう。たとえば、

$$A=\begin{pmatrix}1 & 2\\ 2 & 4\end{pmatrix}$$

という行列には逆行列がありません（行列式が0になることを確認してください）。

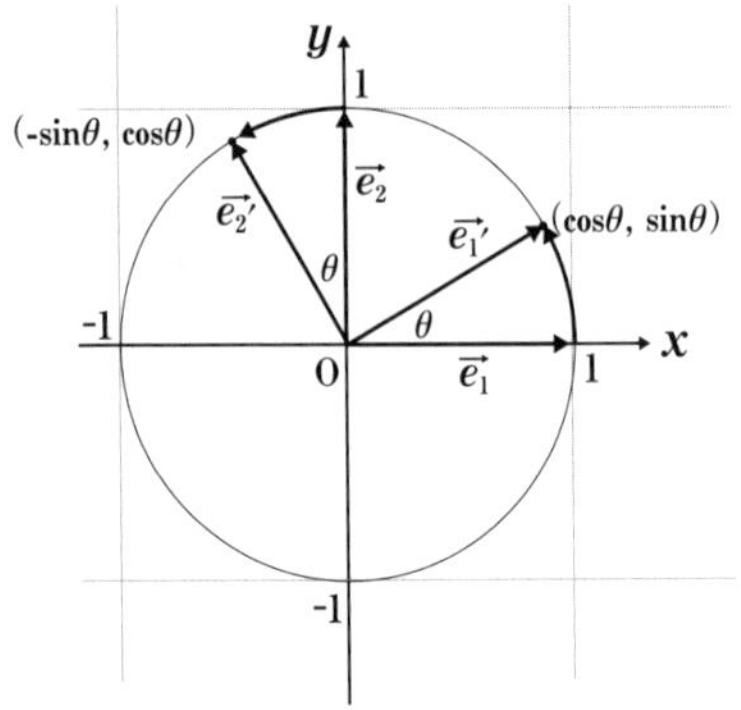

図 3-41

この行列によって、標準基底の$\vec{e_1}=\binom{1}{0}$と$\vec{e_2}=\binom{0}{1}$は、それぞれ$\vec{e_1}'=\binom{1}{2}$と$\vec{e_2}'=\binom{2}{4}$に移るわけですが、$\vec{e_1}'$と$\vec{e_2}'$は平行で、どちらも$y=2x$という原点を通る直線に重なります。先ほども確認しましたように、線形変換の後の点は新基底である$\vec{e_1}'$と$\vec{e_2}'$のスカラー倍で表されるので、変換後の点はすべて$y=2x$上にあると言えるわけです。

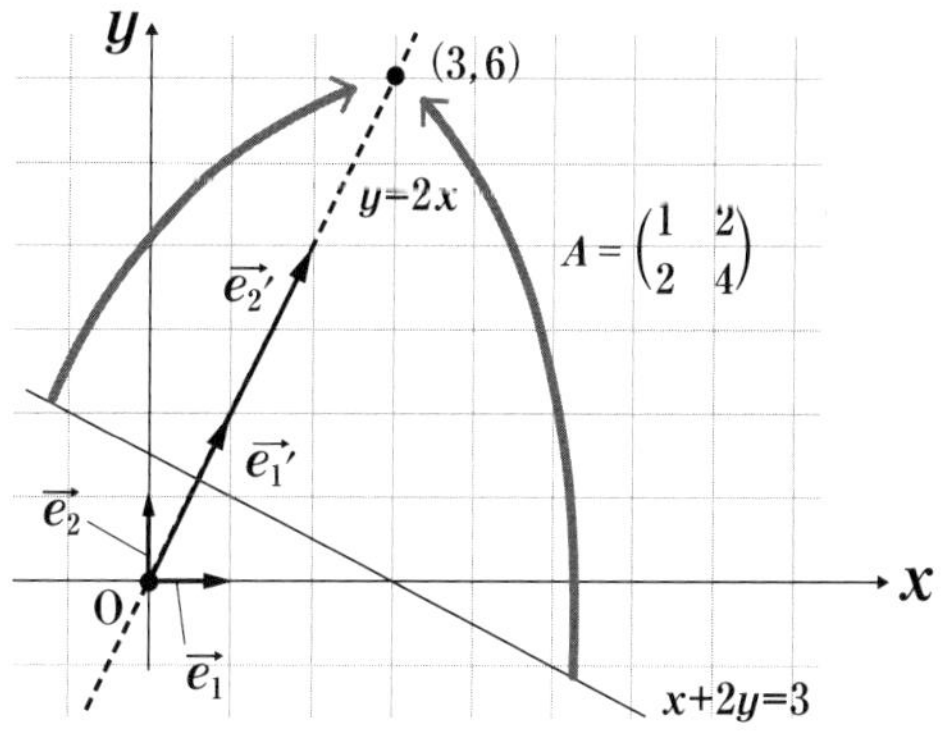

図 3-42

また、以上の事実は、連立1次方程式を行列で表したとき、逆行列を持たなければ不定か不能になってしまうことと関連しています。

たとえば、右の行列Aによる変換では、$x+2y=3$上の点はすべて（3，6）に移ります。ですから、これを逆行列を使って元に戻そうとしても、元の点の「候補」は無数にあって1つに決めることはできません。これが連立方程式における**不定**に相当します。

また、この行列Aによって（3，3）に移る点はありません。なぜなら（3，3）は $y=2x$ 上の点ではないからです。それなのにAによって（3，3）に移る点を求めよ、という無茶な問題が出てしまったときは、「そんな点はありません」と言うしかなくなってしまいます。これが不能の状態です。

線形変換の応用例

たくさんの線形変換の応用例の中からAIに関するものをご紹介しましょう。

AIで注目されるアルゴリズムの1つに**「ニューラルネットワーク」**というものがあります。名前は聞いたことがある、という方は多いのではないでしょうか。ちなみにやはり現代のホットワードである**「ディープラーニング（深層学習）」**というのは、ニューラルネットワークを多層に結合した上で、表現や学習の能力を高めた機械学習の一手法のことを言います。

人間の脳を構成する多数のニューロン（神経細胞）は、大きな細胞の本体と信号を伝達する神経繊維でできていて、1つの神経繊維はその先端部がいくつにも枝分かれしています。ニューラルネットワークは、このような脳の神経回路の一部を模した数理モデルです。

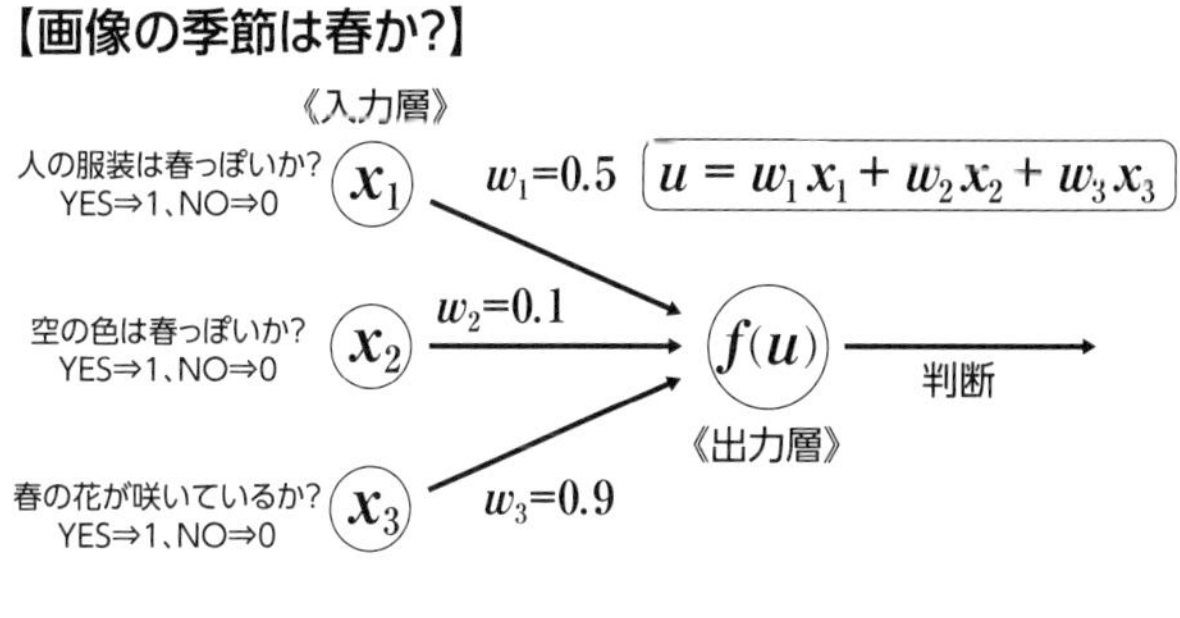

図 3-43

ニューラルネットワークのアイディアは、１９４０年代に提唱されましたが、１９５７年に**パーセプトロン**と呼ばれる**パターン認識**の仕組みが開発されたのをきっかけに大きく注目されるようになりました。名前の由来は英語で「認識」を意味するperceptionです。

パーセプトロンは、人間の脳神経回路を模してはいるのですが、仕組みはそう難しくありません。図３-43のように、**複数の入力（情報）をもとに、何かしらの「判断（認識）」を出力する**のが基本です。

たとえば、コンピュータが画像を見て、季節が春かどうかを判断することを考えましょう。その際に、画像に写る人々の服装は春っぽいかどうか、空の色が春っぽいかどうか、春に咲く花が写りこんでいるかどうか……などの複数の情報をもとに答えを出すわけですが、その際にこれらの情報の重要度は同じではありま

ステップ関数　$f(u)=\begin{cases}1 & (u>0)\\0 & (u\leq 0)\end{cases}$

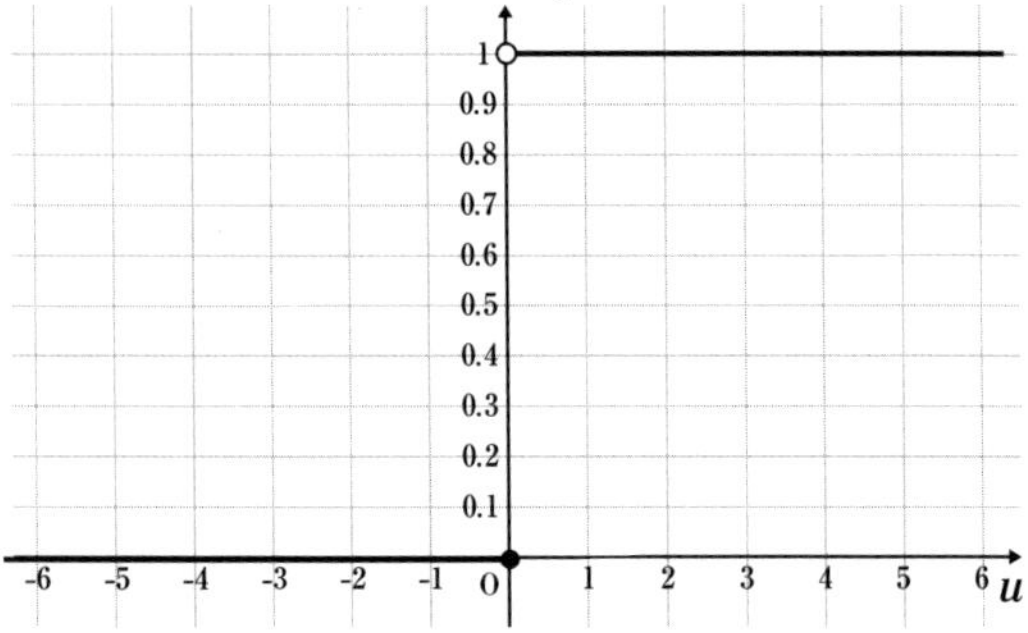

シグモイド関数　$f(u)=\dfrac{1}{1+e^{-u}}$

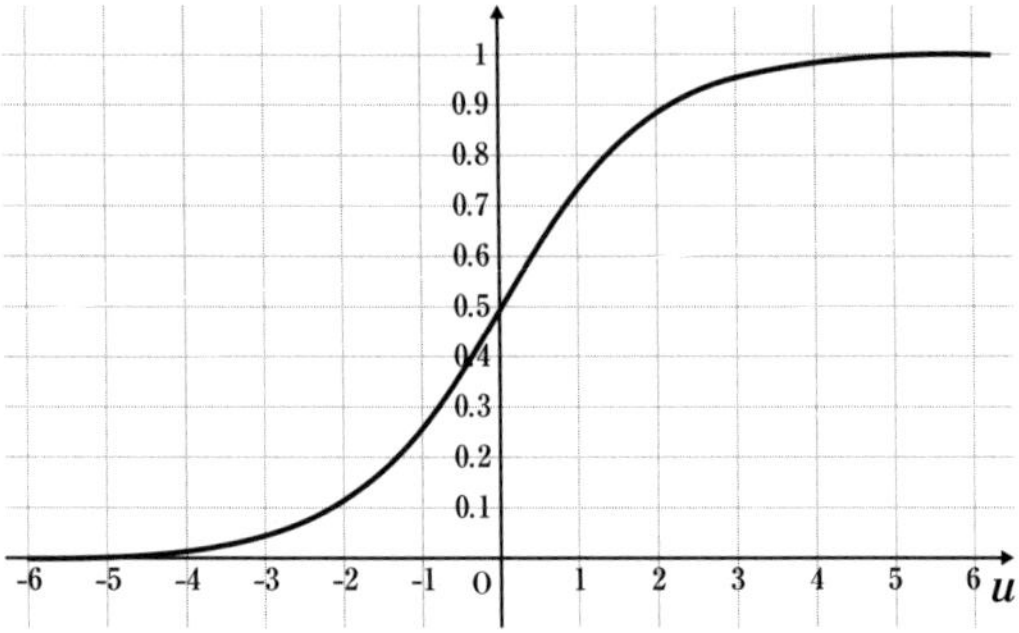

図 3-44

せんね。右の3つの情報の中では花のことはとくに重要な情報ではないでしょうか？　もし、桜のような春に咲く花が写りこんでいるのなら、季節が春であることは一発でほぼ確定だからです。

　このように、いくつかの情報をもとに認識（判断）を出力する際、情報（パラメータ）には、その重要度によって**「重み」**が掛けられます。その際に出てくる式がまさに「定数（w_1〜w_3）と変数（x_1〜x_3）の積」の和で表される**「線形の式」**なのです。

　ちなみに、重みとパラメータの「線形の式」であるuを入力して、判断を出力する関数$f(x)$を**活性化関数**と言います。0か1しか出力しない「ステップ関数」やステップ関数を微分可能な関数で近似した「シグモイド関数」などが有名です**（図3-44）**。

　パーセプトロンはやがて、入力層と出力層の間に「隠れ層」を取り入れて多層にした**「マルチレイヤーパーセプトロン」**に発展しました。そうなってくると複数の「線形の式」が登場しますので、それらをまとめて扱うために行列が必要となります。言うまでもなく、行列を使って各パラメータに重みを付ける計算は、線形変換そのものです。

第3・5章　トポロジー

「同じ」とはどういうことか？

2021年に、自動車メーカーのマツダとスポーツ総合メーカーのミズノが共同開発した、ドライビングシューズが売り出されたことをご存知でしょうか。私はこのニュースを知ったとき、企業の組み合わせが意外だったので驚きましたが、両社の担当者は「クルマもシューズもその上に人が乗って移動するという点では同じ」ということで意気投合されたようです。曰《いわ》く「壊れない耐久性、安全性、快適性などの追求においても共通点が多い」とか。

最近はこうした異業種コラボが盛んに行なわれています。商品開発のノウハウや企業理念に共通点を見つけて、異業種ならではの相乗効果と話題性を狙ったものでしょう。

クルマとシューズのように、かけ離れていると思えるものの中に共通点を見つける人を見ると「頭がやわらかいなあ」と感心するものですが、じつはこれからお話しする**トポロジー**は、**「やわらかい幾何学」**と呼ばれています。

もっともここで言う「やわらかい幾何学」とは、ゴムのようなやわらかい材質で作られた図形を扱う幾何学という意味です。ただ、「ドーナツとコーヒーカップを区別しない幾何学」とも呼ばれるトポロジーに親しむには、柔軟な思考力が必要であることも間違いないので、「やわらかい幾何学」の「やわらかい」には物質的なしなやかさだけでなく、発想が柔軟であるというニュアンスも含まれていると私は思っています。

誤解を恐れずに言ってしまうと、トポロジーの極意は**「何を同じと見なすか」**です。

トポロジーのトピックは多岐にわたるため、本書の残された紙面ではすべてをご紹介することはできませんが、その導入部分だけでも楽しんでいただければ幸いです。

抽象化こそ数学の醍醐味

そもそも数学という学問は、

「物事の本質を見抜こう」

「目に見えない規則や性質をあぶり出そう」

という精神とともに発展してきました。個々の具体例の中から共通する性質を抜き出して**本質をあぶり出す**ことこそ、数学の醍醐味です。

ところで、中学に進学して「数学」が始まったとき、最初の頃に何を習ったか覚えていますか？

《具体例》 1, 4, 27, 256, 3125, 46656, 823543,...

↓ 抽象化

$$n^n$$ [nは自然数]

《具体例》 1, 3, 6, 10, 15, 21, 28, 36,...

↓ 抽象化

$$\frac{n(n+1)}{2}$$ [nは自然数]

図 3.5-1

ふつう数学の最初の単元は「負の数」ですが、その次の単元は「文字式」です。前章にも書きました通り、負の数は数の概念の拡張です。では文字式を「数学」の最初に習う理由は何でしょうか？　それは、文字式は**対象を抽象化するための最も基本的な道具**だからです。

たとえば「2、4、6、8、10、12……」と数が続いているとします。これらの数に共通する本質は何でしょうか？　そうですね。ここに並んでいるのは偶数ですから、これらの数の本質は「2×整数で表せる数」ということになります。もちろんこのように言葉で説明してもよいのですが、文字を使えば同じことを「$2n$（nは整数）」と非常に端的に表すことができます。

さすがに偶数が2の倍数であることは単純なので、文字を使うことのありがたみはあまり感じないかもしれませんが、上の2つの例（図3・5-1）ではどうでしょう？　どちらも具体例からその数が持っている本質を見抜くのは難しくありませんか？
しかし、具体例のそれぞれに共通する性質が文字で表されると、そこにある本質は一目瞭然です。

分類

もちろん抽象化は、文字式の専売特許ではありません。私たちの身近にも潜んでいます。じつは**分類という整理は抽象化です**。たとえば馬、ハト、イルカ、カラスの4種類の動物は次のように分類できます。

哺乳類：馬、イルカ
鳥類：ハト、カラス

馬とイルカはまったく見た目が違いますし、イルカは海の中にいて魚のようにも見えます。ハトとカラスも色は全然違いますね。でも、そういう違いは削《そ》ぎ落とし、馬とイルカには「赤ちゃんを卵で産まず、一生肺で呼吸する」という共通点、ハトやカラスには「全身が羽毛で覆われていて、翼が発達している」という共通点があることを見抜いて、それぞれを「哺乳類」と「鳥類」に分類するのは、まさに抽象化です。

もっと言えば馬を「馬」という名前で呼ぶこと自体も抽象化になっています。厳密には1頭1頭の馬には個性がありますから、クローンでない限り、ある馬とすべての面においてまったく同じ馬というのは他にはいないはずです。でも私たちは1頭1頭の個性は無視して、すべての馬に共通する特徴・性質を持つ動物をひとくくりにして「馬」と呼んでいます。これはまさに抽象化です。極論すれば固有名詞以外で**ものに名前を付けるという行為は常に抽象化**になっています。

緻密に見るか、ラフに見るか

何かを理解したいとき、近づいて対象を詳しく調べようとするのは自然なことでしょう。第2章で「微分によって導関数を求めるのは、ジグソーパズルをバラバラにして一つひとつのピースを丁寧に調べるようなものだ」と書きました。微分も至近距離で相手を緻密に見ようとする手法の1つです。

でも、そうしたミクロの視点では本質が見えてこないこともあります。「木を見て森を見ず」という言葉がありますが、細部にこだわりすぎるあまり、全体像をつかみそこねてしまうのです。

そんなときは、**細かい「差」は気にせずに、大胆に対象を見る手法**が必要になります。「トポロジー」がまさにそれです。

トポロジーについて知ると、いかにラフに見るかというテーマが根底にあるのがよくわかります。もちろん、だからと言ってすべてに無頓着でいいというわけではありません。ラフに見るとは言っても、ここだけは外してはいけない、というポイントがあります。

トポロジーが教えてくれるポイントを守り、その斬新な見方で対象を分類すれば、今まで見えなかった本質が浮かび上がってきます。

トポロジーの語源と歴史

トポロジー（topology）の語源は、ギリシャ語の topos と logos です。前者は「位置」や「場所」、後者は「言葉」や「解析」の意味を持ちます。ドイツの数学者ヨハン・リスティング（1808－1882）が書簡や論文の中で初めて使いました。ただし、リスティングの研究内容は現在のトポロジーとは異なります。

トポロジーはふつう**「位相幾何学」**と訳します。位相という用語は「位置」と姿形《すがたかたち》を意味する「形相《けいそう》」の2つの言葉から作られました。トポロジーとは、**図形の位置と形を研**

究する学問だというわけです。

なお「位相」という言葉は物理にも登場しますが、物理のほうの位相は英語ではphaseなので、トポロジーとは別物です。ちなみに物理の「位相」は、単振動や波や交流回路の電流などを三角関数で表したときの関数の入力値を指し、「周期的な運動をするものが一周期の中のどのタイミングにいるのかを示す量」といった意味です。

「トポロジー」という用語が登場したのは19世紀半ばですが、位相幾何学の創始者は18世紀の**レオンハルト・オイラー（１７０７－１７８３）**です。オイラーは**「ケーニヒスベルク橋の問題」**についての論文（１７３６年）と**「オイラーの多面体定理」**についての論文（１７５２年）で、旧来の捉え方とは一線を画する、位置と形についてのまったく新しい見方を披露しました（この2つの論文の内容はのちほどご紹介します）。

ただし、オイラーのまいた種が芽生えるまでには長い時間がかかりました。

トポロジーが数学の一分野にまで育ったのは19世紀末の**アンリ・ポアンカレ（１８５４－１９１２）**の研究に負うところが大きいと言われています。ポアンカレは、１８９５年から１９０４年の間にトポロジーに関する６本の論文を発表しました。その最初の論文「位置解析（Analysis situs）」の冒頭には次のように書かれています。

「幾何学は下手にえがかれた図形について上手な推論を行なう技術であるとよくいわれている。ただしその図形は、われわれを誤らせないためには、ある条件を満たしていなくてはならない。すなわち大きさの割合は大ざっぱに変えてよいが、その各部分の相対的な位置を乱してはならない。（中略）…そこでは曲線、あるいは曲面の大きさは問題としないで、その上の点の相対的位置を問題とする」（引用元：H・ポアンカレ（著）／齋藤 利弥（訳）『ポアンカレ　トポロジー』朝倉書店）

「下手にえがかれた図形について上手な推論を行なう技術」という言い回しは面白いですね。確かに、私たちが幾何の問題を考えるときは、フリーハンドで手元の紙に図形を書きますが、その図はたいてい「下手」です。辺の長さや面積・角度なども厳密な意味では正しくないことがほとんどでしょう。でも相対的な位置関係さえ把握できれば、厳密な推論を行なうことはできるよね、とポアンカレは言っているのです。

その後、20世紀の100年間に、トポロジーは数学の他の分野も巻き込みながら、めざましい発展を遂げることになります。その詳細は難しくなりすぎるので割愛させていただきますが、最近ではＤＮＡの仕組みを探るのに利用されたり、物質内の電子の状態の分類に使われたりしている他、量子コンピュータの開発や画像解析、高分子の設計などにも応用されていて、現代科学にはなくてはならない理論になっています。

合同、相似、射影……いろいろな「同じ」

トポロジーの画期的な図形の捉え方をご紹介する前に、図形が「同じ」であることを少しずつラフに考えていきましょう。立場や見方を変えることで「同じ」を拡大解釈していきます。

《合同》

次の図（図3・5-2）のように、図形Ａを平行移動したり、回転移動したり、対称移動したりして、図形Ｂに移したとき、図形Ａと図形Ｂが同じであることに異論のある人はいないと思います。中学で、互いにぴったり重なりあう図形のことを**「合同」**と言うことを習いましたね。次の図のＡとＢはどれも合同です。

一般に、合同な２つの図形は「長さ・角度・面積・平行・垂直・円・ｎ角形」などの図

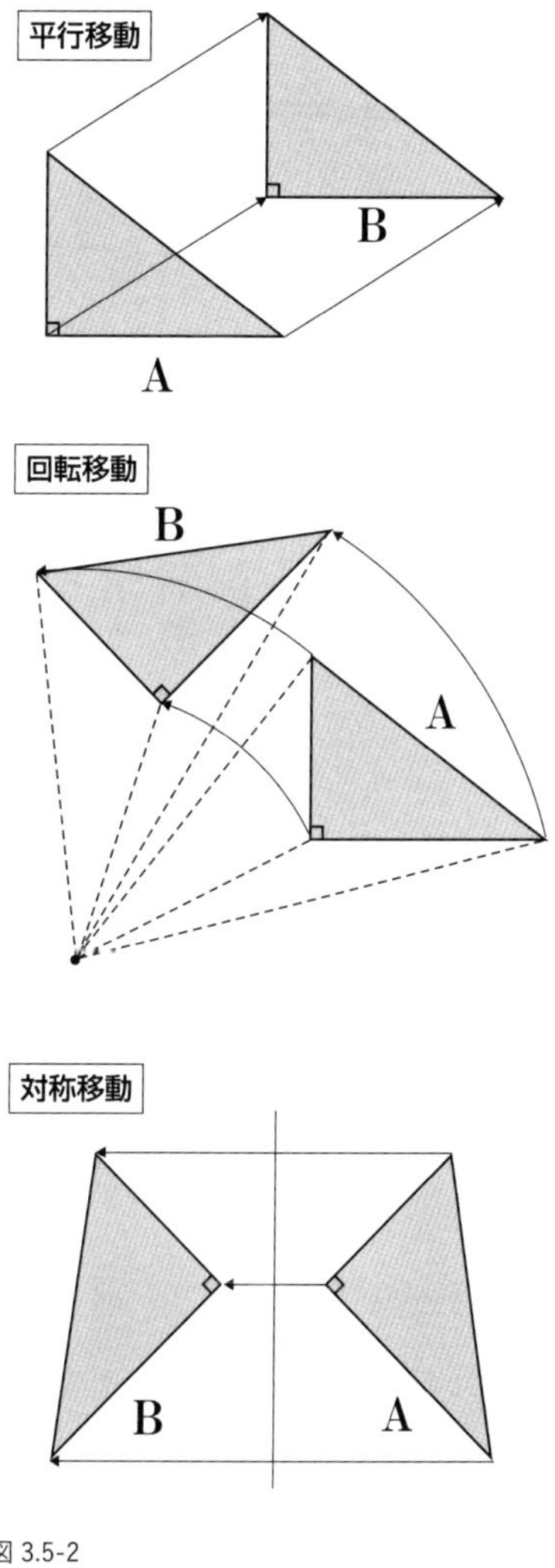

図 3.5-2

形の性質のすべてが同じです。

《相似》

では図3・5-3のように、Oを中心として図形Aを、拡大（あるいは縮小）したものが図形Bであるとき、図形Aと図形Bは同じであると言えるでしょうか？　このような関係にある2つの図形のことは「**相似**」と言うのでしたね。

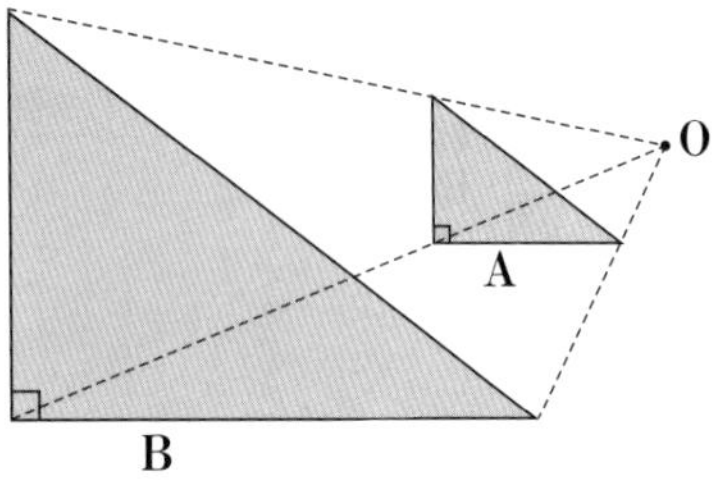

図 3.5-3

たとえば、東京タワーの実物と東京駅などで売っている東京タワーの模型は「相似」ですが、実物と模型を「同じ」と言ってしまうことに違和感を覚える方はいるでしょう。確かに両者の大きさはまるで違います。でも模型は実物を正確に縮小しているはずなので「形は同じ」とは言えそうです。

実際、相似な2つの図形は一般に、長さと面積以外の「角度・平行・垂直・円・n角形」などの図形の性質が同じになります。

言うまでもなく、正三角形や正方形などのすべての正多角形、それからすべての円は相似です。当たり前ですね。ただ……この勢いで「すべての放物線も相似です」と言われたら胸を張って「そうそう」と言えるでしょうか？

図3・5－4のグラフを見てください。Aは$y=x^2$のグラフ、Bは$y=\frac{1}{4}x^2$のグラフです。こうして見ると、BのほうがAよりもふくよかな感じがしますね。

でもじつは、BのグラフはAのグラフを原点を中心にして4倍に拡大したものになっています。相似拡大であることは間違いないので、AとBは同じ形です（Aのほうを隠して、B

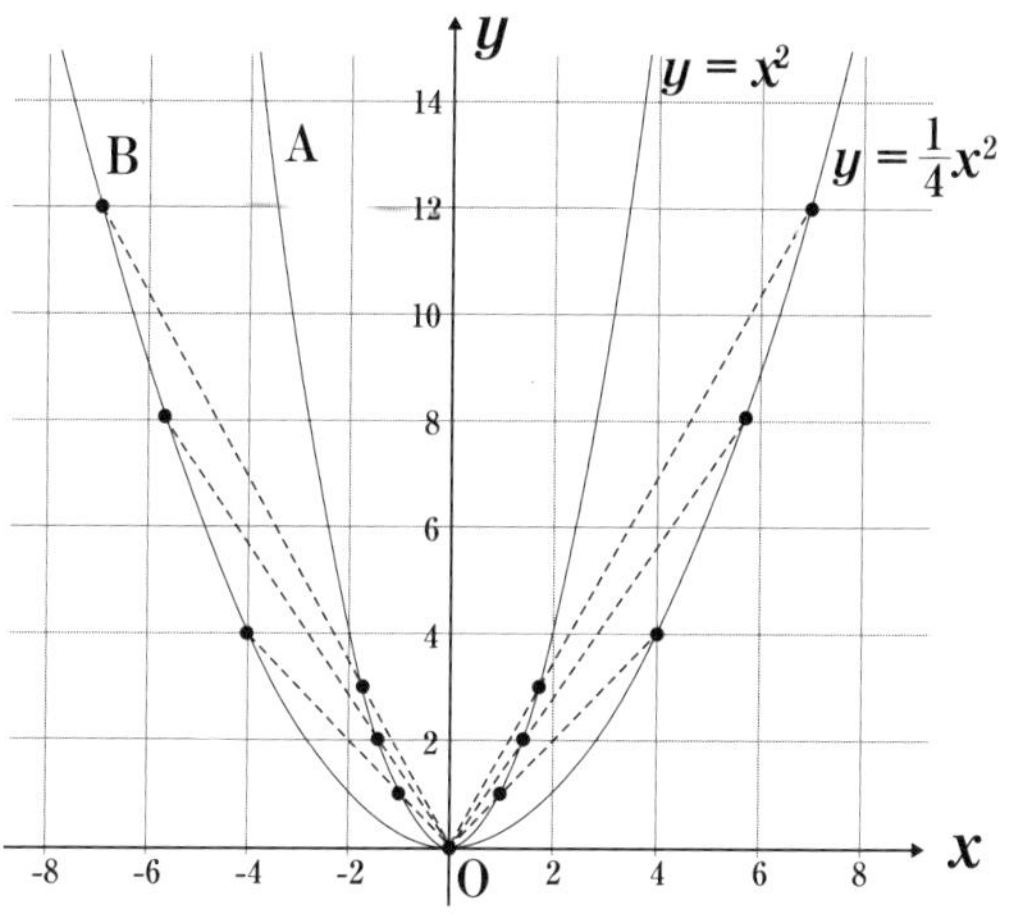

図 3.5-4

のグラフだけを少し離れてみれば、Aと「同じ形」であることに気づくと思います）。

　こういう例が出てきてしまうと、見た目の直感だけで「同じ形」だと言ってしまうことの自信が少し揺らいできてしまうのではないでしょうか。

《射影》

　では、もっと自信を失う（というよりすぐには納得しがたい）「同じ形」の捉え方を紹介しましょう。それは**射影幾何学**と呼ばれる図形の捉え方です。

　15～16世紀のルネサンス時代、イタリアの**レオナルド・ダ・ヴィンチ（1452-1519）**は『最後の晩餐《ばんさん》』を一点透視図法と呼ば

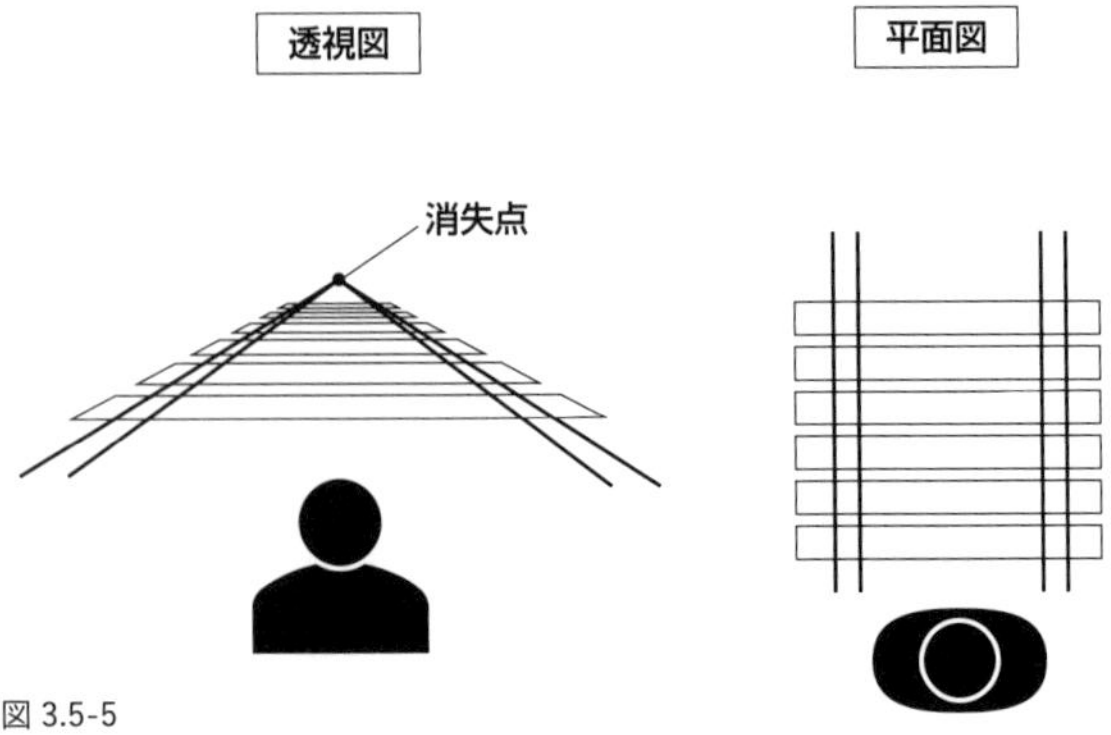

図 3.5-5

れる遠近法を用いて描きました。透視図法は平面の上に奥行きを出すための手法として今ではよく知られていますが、当時としては画期的な手法でした（図3・5-5）。

余談ですが、ダ・ヴィンチは、この手法を習得するため、同時代のイタリアを代表する数学者の1人であり、簿記の教科書を書いたことから「近代会計学の父」とも呼ばれる**ルカ・パチョーリ**（1445-1517）のもとに足繁《しげ》く通っていたようです。2人は共同で立体図形に関する研究を行ない、パチョーリの論文の挿絵をダ・ヴィンチが描いたこともありました。

透視図法を用いて描かれた「透視図」は、平行線が**消失点**と呼ばれる1点で交わるように書くことで平面の上に3次元的な遠近感を表現します。言い換えれば、空間上の平行線は、透視図においては消失点を始点とする放射状の線になるということです。

透視図法のアイディアをもとに、フランスの建築家ジラール・デザルグ（1591−1661）は、空間内に配置された任意の三角形は、ある平面への射影を考えることで、すべて「同じ」になることを証明しました。

たとえば、次ページの図3・5−6で三角形である図形Aと図形Bの平面Pへの射影は、どちらも同じ図形Cの三角形になります。

もちろん図形Aと図形Bは、机の上に持ってくれば大きさも形も違う三角形です。しかし「点光源からの光によるある平面への射影を見る」という立場では（図形Cとぴったり重なるという意味で）「同じ」になります。

デザルグの証明したこの定理により、どんな三角形の影もある1つの三角形に重ねられることがわかりました。つまり、射影幾何学では（机の上に置いたときの）三角形の多様性は失われます。ちなみに、四角形については、すべての四角形が1つの射影に重なって見えるということはなく、形の多様性が残ります。

一般に、図形をある平面に射影すると長さも面積も角度も変わってしまいます。ただし、三角形の影が四角形になったり五角形になったりすることはありません。「n角形で

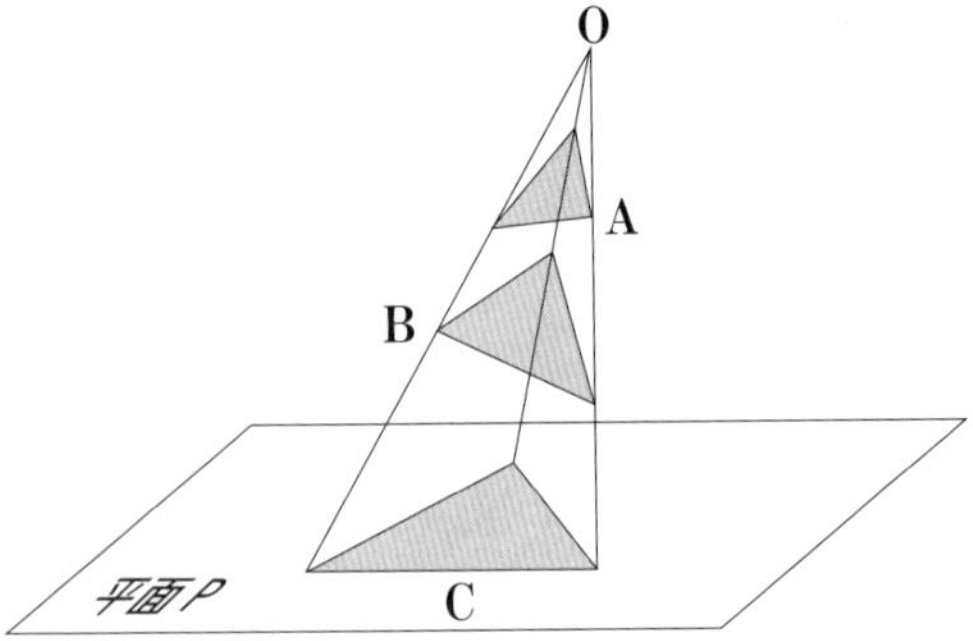

図 3.5-6

ある」という図形の性質は不変です。このように射影によっても変わらないものを考えるのが、斜影幾何学における主要な研究テーマです。

じつは、斜影幾何学は**最も美しい幾何学**だと言われています。他の幾何学よりも遥かに少なく簡明な公理（疑いなく受け容《い》れると約束する前提事項）から出発し、さまざまな図形の性質を例外なく厳密に議論できるからです。

射影幾何学においても、三角形と四角形は区別されます。では、三角形も四角形も同じになるような、もっと言えばすべての多角形を「同じ」だと見なせるような図形の見方はないものか？　と考えた人がいても不思議はありません。その考え方の中では、頂点の数や辺の数さえも問題ではなくなるでしょう。しかも、そこまでラフな見方をしても、なお**図形をその本質によって分類できる見方**を考えようというのがトポロジーの根本的な発想です。

トポロジーの端緒となったオイラーの2つの研究

それではここからは、トポロジー的発想の端緒となったオイラーの2つの論文について解説していきます。

ケーニヒスベルク問題

18世紀当時、プロイセン王国の首都であるケーニヒスベルク（現ロシア連邦カリーニングラード）にはプレーゲル川という大きな川が流れていて、街の中央が中洲《なかす》になっていました。

このプレーゲル川には合計7つの橋が架けられていたのですが、いつの頃からか、

「このプレーゲル川に架かっている7つの橋を2度通らずに、全て渡って、元の所に帰ってくることができるだろうか（ただし、どこから出発してもよい）？」

という謎解きが話題になるようになりました。

オイラーは、街と橋と川の関係を上のようなグラフと「同じ」であると考えました。なお、ここで言う**「グラフ」**とは、座標軸に描く関数のグラフや、ヒストグラムの棒グラフ

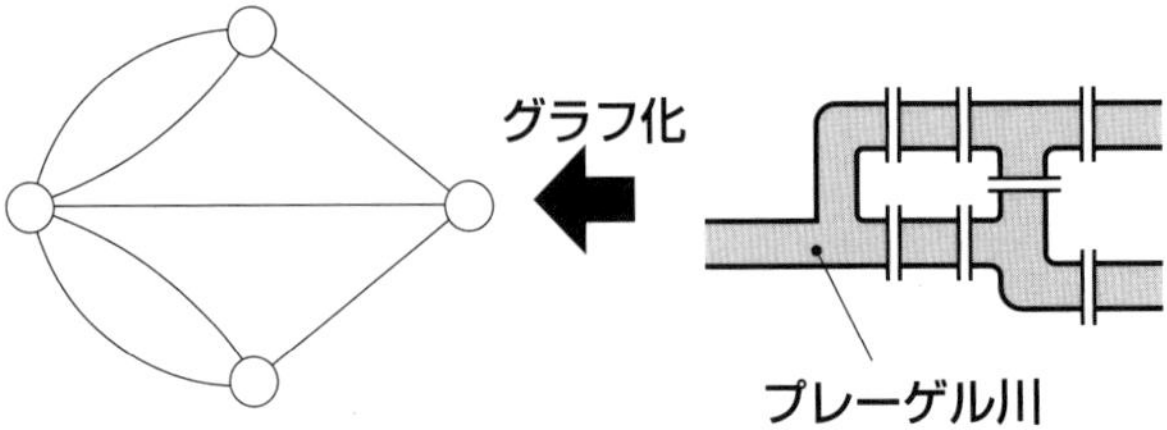

図 3.5-7

等のグラフのことではありません。路線図のように「点とそれを結ぶ線」でできている図のことを言います（図3・5-7）。

そして、オイラーはこのグラフが一筆書きできないことを証明して、「7つの橋を2度通らずに、すべての橋を渡って元の所に帰ってくることはできない」と結論づけました。オイラーはどのように考えたのでしょうか？

オイラーが注目したのは○に出入りする線の数です。○に出入りする線の合計が奇数のとき、その○を**奇点**、偶数のときはその○を**偶点**と呼びます。

奇点の例（図3・5-8）として3本の線が出入りしている点を考えてみましょう。一筆書きの途中にこの奇点を通過すると、○に入る線と出て行く線とで2本を使ってしまうので、次にこの○に入るときにはもう出て行く線は残されていません。つまりそこで行き止まりとなり、終点にな

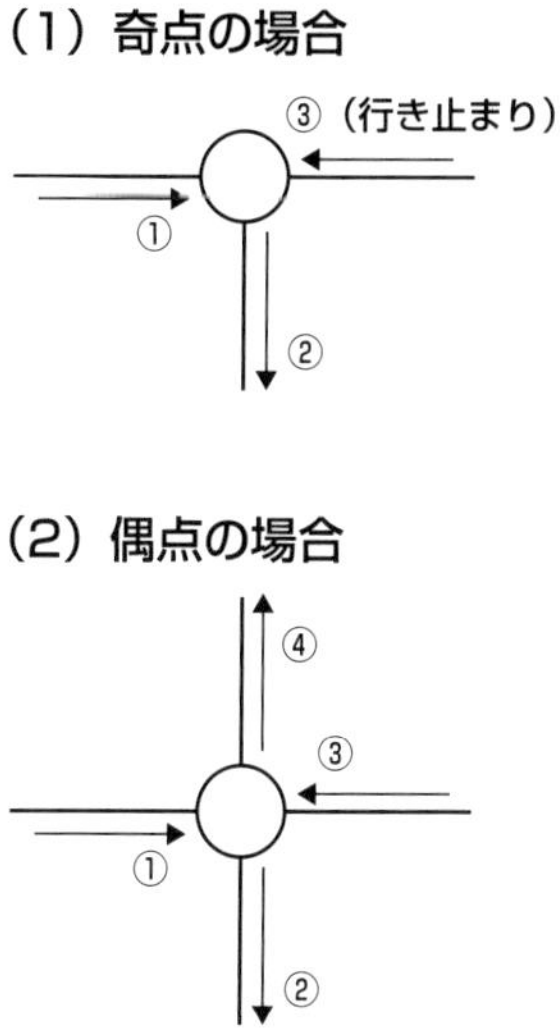

図 3.5-8

ってしまうのです。もちろん線が5本でも7本でも、○が奇点である限り、出入りのセットで2本ずつを使うので、何度かその○を通過した時点で残された道は1本となり、やはり終点になります。一方偶点の場合は、入ってくる道と出て行く道のセットを必ず確保することができます。よって行き止まりにはなりません。

こうして「一筆書きで元に戻ってくることができるグラフの○はすべて偶点でなければならない」ことに気づいたオイラーは、ケーニヒスベルク問題のグラフが奇点ばかりであることから一筆書きはできないことを証明したのでした（**図3・5-9**の丸数字はその○に繋がる線の数を表しています）。

オイラーは土地の形や面積、橋の方向や長さなどをすべて無視しています。残されたのは**点と点とのつながり方**だけです。でも、これだけラフな見方をしても、ある図形が一筆《ひとふで》書きできるかどうかは完璧に分類できます。

このように、グラフを使って**互いのつながり方にだけ注目する**考え方は、トポロジーの基本的な考え方の一つです。

先ほども書きました通り、路線図も「グラフ」と言えます。路線図に求められるのは、駅の順序関係とある駅で乗り換えられる路線の情報であり、駅と駅の間の距離の長短や駅の規模の大小などは必要ありません。

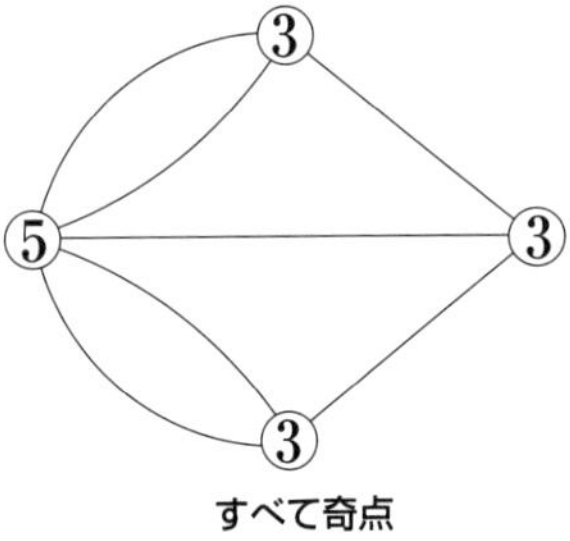

図 3.5-9

一般に、**複雑な現実から本質を切り取って単純化すること**を**モデル化**と言います。路線図は、路線のモデル化です。

たとえばオーディオの配線。数学嫌いの方は苦手なことが多いようですが、それは配線を頭の中でモデル化できていないからかもしれません。

想像してみてください。あなたは今、テレビとHDDレコーダとアンプとフロントスピーカー（左右）とサブウーファーを繋ぎたいと思っています。黒々とした十数本のオーディオケーブルや電源コードを目の前にして、コードだけでなく頭の中もこんがらがってくる気持ち、わからなくはありません。でも、配線で重要なのは何と何が繋がっているかです。それぞれの機器の実際の大きさ、コードの長さや色は無視できます。

左図3・5-10の「グラフ」はそれぞれの「繋がり」だけを残し、グラフを使って「モデル化」したものです。このように書いてしまえば、オーディオの配線はそんなに複雑ではありませんね。

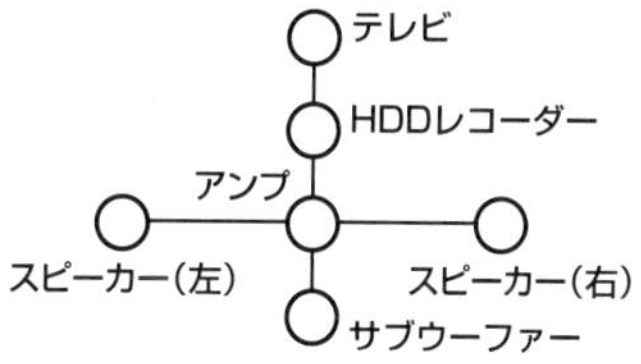

図 3.5-10

理科で習った**回路図**も、回路における電源や抵抗やコンデンサーの繋がり方を単純化して表しているという点でやはりグラフの一種ですし、テレビドラマの紹介などで見かける登場人物の相関図などもグラフだと言えるでしょう。

現実世界には、インターネット、人々の社会的な繋がり、感染症の拡大、生態系など、巨大で複雑なネットワークが色々あります。こうしたネットワークの性質を研究する際にも、トポロジカルな視点で相互の繋がりだけに注目するというモデル化の手法が活躍しています。

オイラーの多面体定理

ケーニヒスベルク問題の解決から約15年、オイラーはもう1つのトポロジーの種をまきました。それが「**オイラーの多面体定理**」です。この定理は、俗に「世界で2番目に美しい数式」と呼ばれています。ちなみに、「世界で1番目に美しい公式」は、同じくオイラーが導いた「**オイラーの公式**」で次のような形をしています（ここでこの式を理解する必要はありませんので気楽に眺めてください）。

$$e^{i\theta} = \cos\theta + i\sin\theta$$

この数式はまったく起源の異なる指数関数（$e^{i\theta}$）と三角関数（$\cos\theta$と$\sin\theta$）が、複素数の世界では密接に関係していることを示しています。またこの数式を通して見れば、初等関数はすべて指数関数の一部であると見なすこともできます。それだけではありません。オイラーの公式のθにπを代入すると、

$$e^{i\pi} + 1 = 0$$

と変形することができて、e（自然対数の底）**とi**（虚数単位）**とπ**（円周率）**と1**（乗法の単位元）**と0**（加法の単位元）**という非常に重要な数どうしの相関もわかるという優れた式です。**

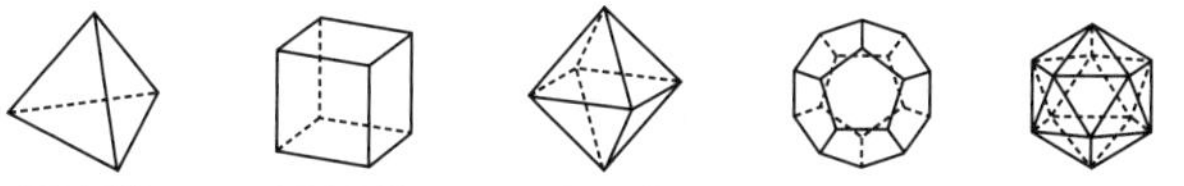

	頂点(vertex)の数 V	辺(edge)の数 E	面(face)の数 F	$V-E+F$
正四面体	4	6	4	2
正六面体	8	12	6	2
正八面体	6	12	8	2
正十二面体	20	30	12	2
正二十面体	12	30	20	2

図 3.5-11

戦後の数学教育に大きな足跡を残した遠山《とおやま》啓《ひらく》氏（1909-1979）はこの式を「**太平洋と大西洋を結ぶパナマ運河**」と形容しました。また20世紀を代表する物理学者のリチャード・ファインマンは「**我々の至宝**」と呼びました。数学を学ぶ者にとってこの式が美しく感じられる理由は、この公式の応用範囲が広いというだけでなく、**出自の異なる複数のものが統一的に表されていて、なおかつ大変シンプルな数式**だからです。

話を「オイラーの多面体定理」に戻しましょう。

上の図3・5-11は、5種類の正多面体について、頂点と辺と面の数をまとめたものです。ここで頂点(vertex)の数をV、辺(edge)の数をE、面(face)の数をFとすると、すべての正多面体について、

$$V-E+F=2$$

という式が成り立っていることがわかります。

しかもこの関係が成り立つのは、正多面体だけではありません。たとえば立方体を斜めに切断したようないびつな多面体についても成立します。これを「オイラーの多面体定理」と言います。

任意の多面体について成り立つシンプルでエレガントなこの事実が、18世紀の半ば頃まで見逃されてきたことは意外に思われるかもしれません。オイラー自身も友人のゴールドバッハに宛てた手紙の中で「驚いたことに、私の知る限り、他の誰もこの立体幾何における一般的な性質に気づいていなかった」と書いています。

最近では、17世紀の半ば頃に、デカルトも同じ事実に気づいていたことがわかっています。ただし、デカルトは「ちょっとした面白い事実」くらいに考えていたようで、証明を与えず、発表もしませんでした。

なお、立体全体を貫通する穴が開いているような多面体では、「オイラーの多面体定理」はそのままでは成立しません。修正が必要になります（これについてはあとで詳しく説明します）。

オイラーの多面体定理の証明

オイラーが1752年の論文で与えた証明とは少々アプローチは異なりますが、少なくとも穴が開いていない多面体においては、「オイラーの多面体定理」が成立する理由を説明したいと思います。

このあとは、多面体が**薄いゴム膜のようなやわらかい素材でできている**と考えてください。まず、ある1面を切り取ってから、全体を平面に拡げます。この変形により、面の数

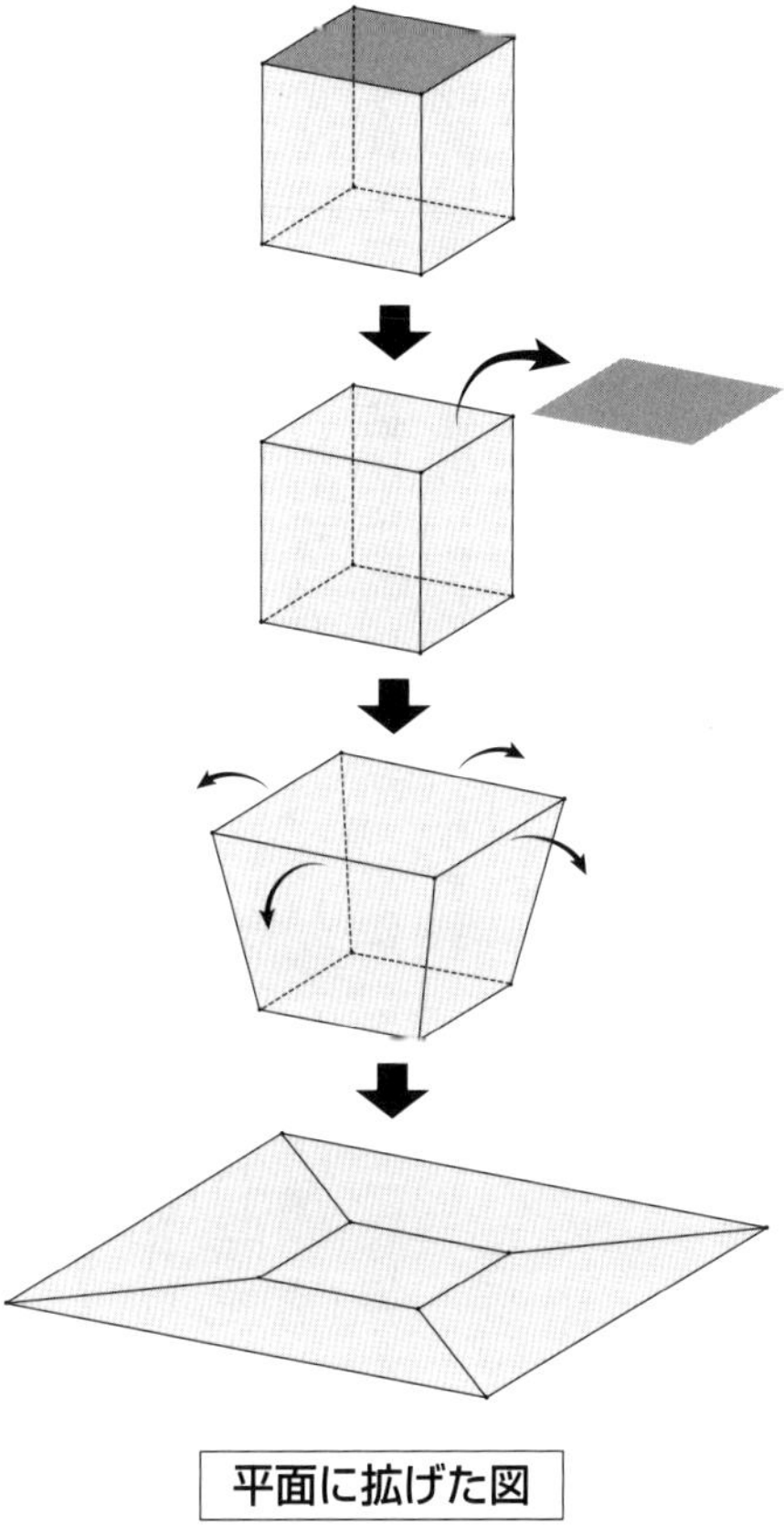

図 3.5-12

は一つ減りますが、辺の数と頂点の数は変わっていません（図3・5－12）。

どのような多面体であっても、貫通穴さえなければ「1面を切り取ってから、平面に拡げる」ということの変形を行なうことは可能です。ただし、最初に面を1つ切り取ってしまっているので「$V-E+F$」のFの数が1つ減っていることに注意してください。このようにして作られる**「平面に拡げた図」**において、常に「$V-E+F=1$」になることがわかれば、オイラーの多面体定理は証明できたことになります。

ではそれをどのように証明すればいいのでしょうか？

最初に1つだけ点を置きます。そのあとは、

①新しい点を加えて、既存の点と結ぶ

②既存の点どうしを結ぶ

のいずれかを行なうことによって、点や辺や面を増殖していけば、任意の「平面に拡げた図」が作れることに注目します。

最初は点（V）が1つだけあるのでV＝1、E＝0、F＝0です。つまり「$V-E+F=1$」

が成立しています。その後①を行なうと、点（V）と辺（E）がそれぞれ1だけ増えますが、公式では点の数は足し、辺の数は引き算するので「$V-E+F=1$」のままです。一方②を行なった場合は、点（V）は増えませんが、辺（E）と面（F）がそれぞれ1だけ増えます。やはり「$V-E+F=1$」のままですね（図3・5−13）。

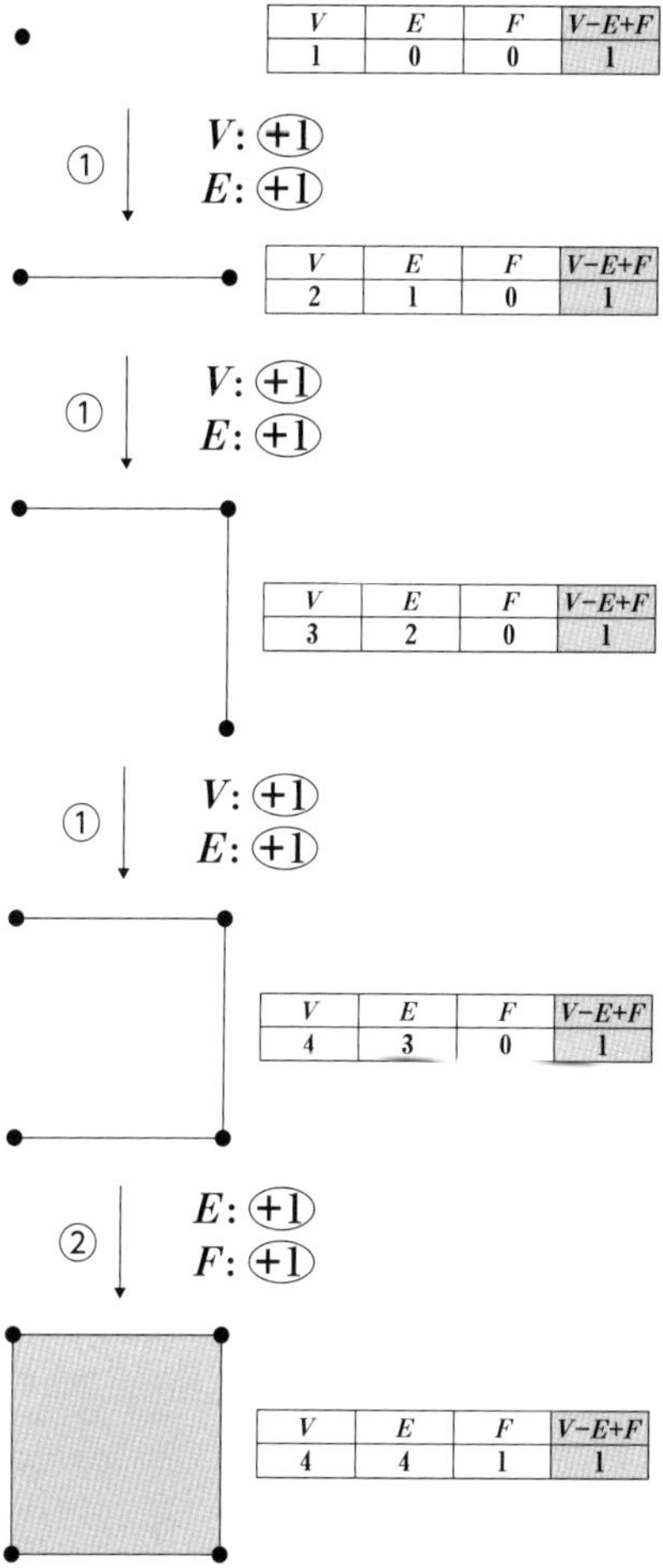

V	E	F	V−E+F
1	0	0	1

V	E	F	V−E+F
2	1	0	1

V	E	F	V−E+F
3	2	0	1

V	E	F	V−E+F
4	3	0	1

V	E	F	V−E+F
4	4	1	1

図 3.5-13

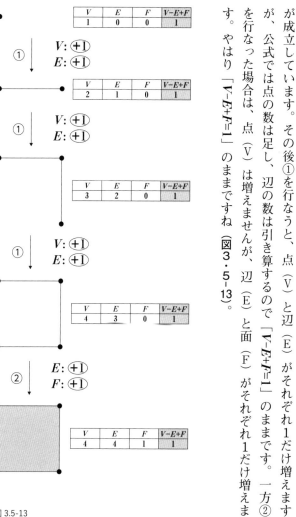

結局①と②をいくら繰り返しても「$V-E+F=1$」であることは変わりません。また①と②を繰り返せば、どのような多面体についてもそれを「平面に拡げた図」と同じ図形を作ることができます。これは「平面に拡げた図」が作れる多面体（凸《とつ》多面体や穴の開いていない凹《おう》多面体）であれば、必ず「$V-E+F=2$」が成立することを意味します。

同相とは?

ところで、サッカーボールも「多面体」であることをご存知でしょうか？　最近はカラフルなものが主流になっていて、昔ながらの図3・5-14の図のようなサッカーボールをあまり見かけなくなったような気がしますが、よく見ると、白い部分は六角形、黒い部分は五角形になっています（五角形は12個、六角形は20個あります）。この立体は正二十面体の各頂点をナイフで切り落とした形であることから、**「切頂《せっちょう》二十面体」**と呼ばれています。

この切頂二十面体も一面を取り去ったあとに「平面に拡げた図」を作れる多面体ですから、オイラーの多面体定理が成立します。実際、V＝60、E＝90、F＝32より「$V-E+F=2$」です。

図 3.5-14

とは言え、サッカーボールは多面体だと言われると違和感を覚える方もいるでしょう。もし本当に多面体なら、鋭利なその頂点で子供たちはみな怪我《けが》をしてしまいます。もちろん小中高で勉強してきた幾何学（ユークリッド幾何学と言います）の感覚から言えば、サッカーボールの「各面」はやや丸みを帯びていて厳密な平面とは言えません。

　しかし、トポロジーではサッカーボールのように曲面によって囲まれた立体も多面体と「同じ形」であると考えます。それどころか、完全な球体ですら多面体と区別しません。

　トポロジーでは、図形は伸縮自在のやわらかいゴムの膜のような素材で作られていて、それを折り曲げたり、引き伸ばしたり、ねじったり、縮めたりしたものはすべて「同じ形」であると考えます。この考えに基づいて「同じ形」であることを、トポロジーでは**「同相」である**と言います。ただし、はさみなどで切ったり、のりで貼り付けたりしたものは同相ではありません。トポロジーでは切ったり貼ったりは「非連続な変化」と捉え、非連続な変化をすると同相ではなくなると考えます。

たとえば、大道芸人が作るバルーンアートはすべて同相です。なぜなら、犬やウサギに見える形も、一個の風船を膨らませて伸ばしたり、ひねったりしているだけだからです。穴の開いていない多面体や、円錐、円柱、球などはすべて同相です。

また、円とすべての多角形は同相です。

アルファベットで言えば、「C、I、J、M、N」などは同相であり、「E、F、T、Y」も同相ですが、IとYは同相ではありません。なぜならゴムでできた「I」を「Y」の形にするためには、途中まで半分に切り裂くか、どこかを切って適当に貼り付ける必要があるからです。

オイラー標数

オイラーの多面体定理が成り立つ多面体も、球と同相である多面体も「穴が開いていない」ということが条件になっていました。では、穴が開いていたらどうなるのでしょうか？

たとえば、図3・5-15の額縁のような立体を考えてみましょう。

この立体には、頂点（V）が16個、辺（E）が32個、面（F）が16個あります。したがい

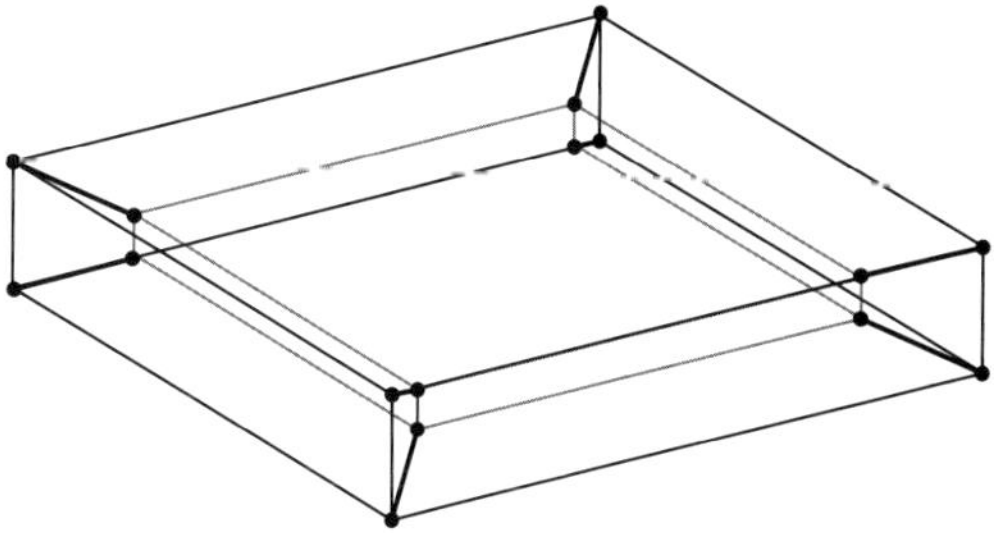

V	E	F	$V-E+F$
16	32	16	0

図 3.5-15

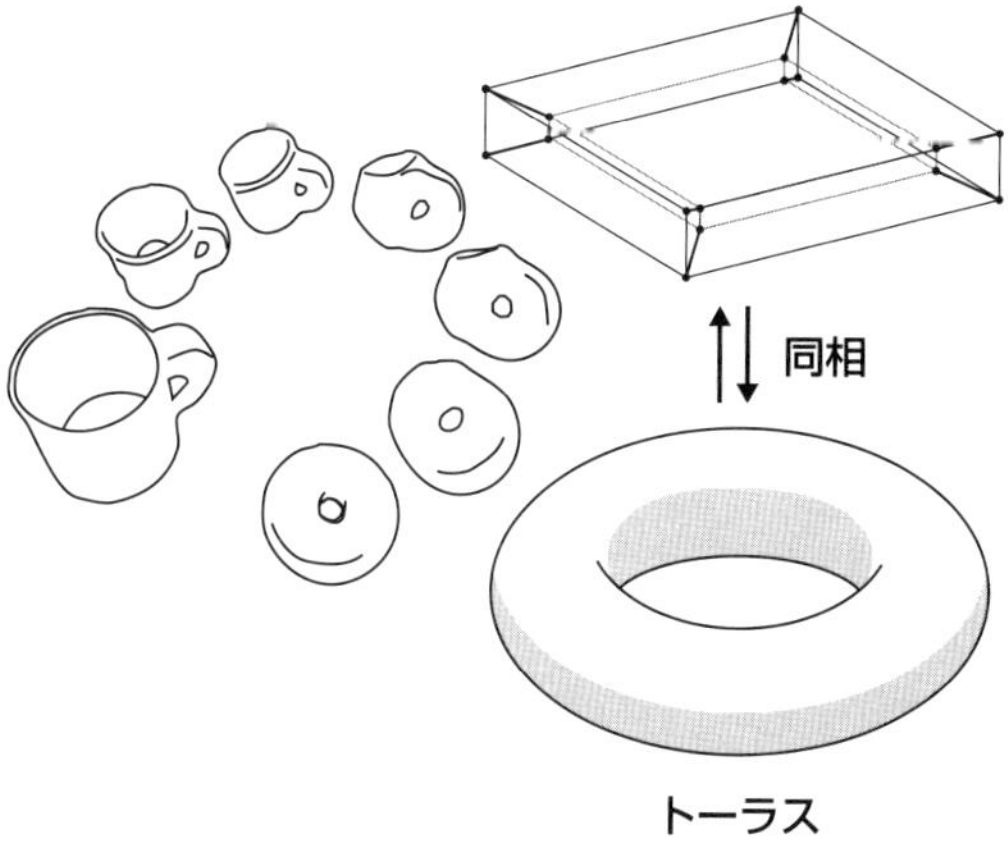

図 3.5-16

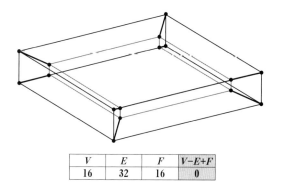

まして「$V-E+F$」の値は2にはならず、0になります。

そして、この額縁は球と同相になることもありません。この額縁がやわらかくてよく伸びるゴム膜でできていたとしても、切ったり貼り付けたりすることなしに、球形に変形させることはできないからです。

もし額縁がやわらかいゴム膜でできていて、息をふきこむことができたら、額縁はどんな形に変わるでしょうか？　それはドーナツのような形です。トポロジーではこれを**トーラス（torus）**と言います。ラテン語で「円環」という意味です。

じつは、コーヒーカップとトーラスも同相です。

トポロジーのことを「コーヒーカップとドーナツを区別しない幾何学」と呼ぶのは、やわらかいゴム膜のような素材でできたコーヒーカップは、切ったり貼り付けたりすることなしに（連続的な変化で）トーラスに変形できるからです（図3・5-16）。

トーラスと同相になる立体はどんなものでも「$V-E+F=0$」になります。

ちなみにオイラーは、自分が見いだした「多面体定理」が穴の開いた立体では成り立たないということに気づいていませんでした。これに最初に気づいたのは、スイスの**シモン・ルイリリエール**（1750-1840）という数学者です。あまり有名な人ではありませんが、オイラーの多面体定理は穴の個数によって値の修正が必要であるという重大な発見をしました。

2人乗りの浮き輪のように穴が2つ開いているトーラスと同相な立体はすべて「$V-E+F=-2$」であり、穴が3つ開いているトーラスと同相の立体はすべて「$V-E+F=-4$」となります（図3・5-17）。

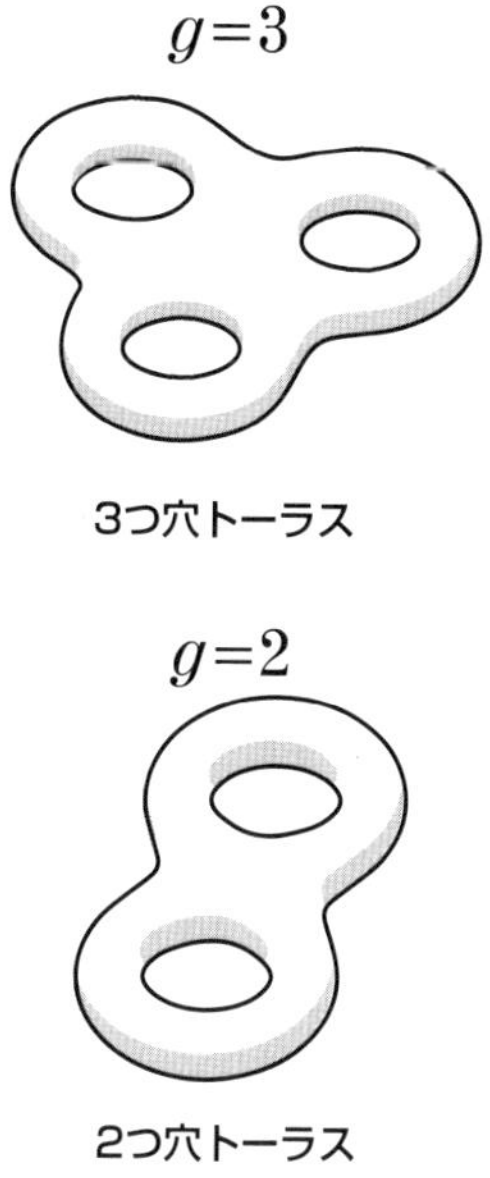

図3.5-17

一般に、**穴の数がg個のとき、「$V-E+F$」の値は「$2-2g$」になる**ことがわかっています。ちなみにgは「種数」を表すgenusの頭文字です。本来genusは「種類」や「属」という意味を持ちます。穴の数を表すのにこの文字が使われたのは、トポロジーにおいては穴の数こそが立体の種類を決める上で最も重要な指標だからでしょう。

今日では、「$V-E+F$」の値は立体の**オイラー標数**と呼ばれています。

トポロジーにおいては、オ

イラー標数の値がいくつになるかによって、図形を分類します。逆に言えば、オイラー標数の値が同じであればすべて同相（同じ形）です。

なぜトポロジーが注目されているのか

第2章で、数学の3大分野と言えば代数学、幾何学、解析学だと書きました。しかしこのように胸を張って言えるのは、20世紀までかもしれません。21世紀の現代では、その3つは代数学、解析学、トポロジーになったと言う人は少なくないからです（ちなみに、4つ挙げなさい、と言われたら4番目に「統計学」が入ることは間違いないでしょう）。

びっくりするほど「ラフな見方」をするトポロジーが、なぜそこまでの存在感を発揮するようになったのでしょうか？

繋がりをモデル化する「グラフ」

1つは、トポロジーが「繋がり」の解析に適しているからです。

20世紀の終わり頃から「スモールワールド・ネットワーク」という用語がよく聞かれる

ようになりました。

　きっかけは1967年にアメリカの社会心理学者**スタンレー・ミルグラム（1933-1984）**が行なった社会実験です。ミルグラムは「ファーストネームで呼び合う知人を介して見ず知らずのターゲットに手紙を届ける」というミッションによって、何人の仲介者を経てターゲットに手紙が届くかを調べました。すると、すべての手紙リレーが完結したわけではなかったものの、完結したリレーにおいては、仲介者の数の平均はたったの5人でした。これは、たかだか5人程度の人を間にはさめば、ほとんどの他人どうしが繋がっていることを示唆しています。日本語でも、意外な人物どうしが知り合いであることがわかったときには「世間は狭い！」と言いますが、ミルグラムのこの実験結果も社会は「スモールワールド」だという強い印象を残しました。

「スモールワールド」の考え方は、社会における政治や経済、病気の感染の研究に応用されている他、インターネットそのものやSNSのようなサービスにおいても注目を浴びています。また、口コミで新商品の評判が広がっていく状況を解析することにも役立つはずです。こうした、すべての**「繋がり」**の研究に**トポロジカルな視点によるグラフの利用が非常に有効**であることは言うまでもありません。

形の本質をあぶりだす「オイラー標数」

私は、本章の最初に「抽象化して本質をあぶり出すこと」は数学の醍醐味であると書きました。そして、そのためには「分類」という手法が有効である、とも書きました。

オイラー標数を計算することによって、どんな複雑な図形であっても、球やトーラスなどの「単純な」図形と同相であることが判明します。その分類によって、イルカが哺乳類であるとわかれば、魚類とは違う哺乳類の性質が見えてくるように、**オイラー標数の値によって、複雑さゆえに見えてこない図形の本質があぶり出される**というわけです。

人の顔は千差万別で、美人やハンサムもいれば、そうでない人もいます。しかし、そうした区別はあくまで（長さや大きさや比率を厳密に見る）ユークリッド幾何学的な見方に基づくものです。トポロジー的には人の顔はみな「同じ」だと言えます。

私たちは視覚を通して非常に多くの情報を得ていますが、脳の中でそれがどのように処理されているかは不明なところも多いです。なぜどのような顔であっても、見た瞬間にそれが人間の顔であることを判断できるのでしょうか？　それは、最初の判断をトポロジカルな視点で行なっているからではないでしょうか。

私たちの脳が視覚情報によって「形」をどのように捉えているかについての研究は、

「形とは何か」を考えるトポロジーの研究と密接に関係しています。

応用範囲が極めて広い

応用範囲がきわめて広いことも、トポロジーが大きな注目を集めている理由の1つです。今、物理学で最も熱い視線を注がれている「超ひも理論」はトポロジーに基づいた理論ですし、細胞分裂の際にＤＮＡが複製されるプロセスの研究にもトポロジーの理論が使われています。

また「この問題にはトポロジーの理論が使えるのではないか？」という期待が多くの分野で持たれているというのも、他の数学分野とは違うところです。

「形とは何か」を突き詰めて考えるトポロジーは、高次元の世界やある種の情報のように目に見えないものを**形を使って解析**する、という可能性も持っています。「形」を通して対象を理解しようとするその姿勢は、ある意味直感的であり、だからこそトポロジーはじつに人間らしい数学分野であるとも言えるでしょう。

おわりに

最後までお読みいただき誠にありがとうございます。

本書は、祥伝社の木村圭輔さんにお声がけ頂いたことがきっかけで、実現しました。最初の打ち合わせのとき、頂いたオファーは**「文系社会人がAI時代を生き抜くために必要な数学について、ブルーバックスの前段階、導入部分にあたる本を書いてください」**というものでした。この言葉は、原稿執筆中にずっと頭にありました。

ブルーバックスと言えば、子供から大人まで楽しめる一般向けの科学書として、確固たる地位を築いている講談社の人気シリーズです。そのわかりやすさには定評があり、私も中高生の頃から何冊も読んできました。既にかなり噛《か》み砕いて書かれているあのブルーバックスの入り口まで読者を案内する本、というのはハードルがとても高かったのですが、挑戦しがいのあるテーマです。

私なりに色々と試行錯誤を繰り返す中で、原稿執筆が遅々として進まない時期もありました。でも木村さんは嫌な顔ひとつせず（と信じたい）脱稿を待ってくださいました。私にお声がけ頂いたことも合わせて、この場を借りて深く御礼申し上げます。

また縦書きの新書でありながら、図版が非常に多く紙面デザインの方のご苦労も多かったことと推察します。その他、この本を世に出すためにご尽力を頂いたすべての方に重ねて御礼申し上げます。

本書は、「統計」「微分積分」「線形代数」「トポロジー」といういずれも横綱級の存在感がある数学の各分野を1冊にまとめた非常に欲張りな本です。それだけに、イロハの「イ」から逸脱することがないように気をつけて書きました。

韓国には**「始まりが半分だ」**という諺《ことわざ》があります。「何事も始めてみることが大切であり、とにかく始めてしまえばもう半分は終ったようなものだ」という意味ですが、私は本書が読者の皆さんにとっての「始まり」になることを強く願っています。

それぞれの分野の入り口まで来て頂いたあなたの前には広大で豊かな世界が手招きしているはずです。もちろん4分野を同時に深める必要はありません。どの分野でも一番興味を引かれたものから、もう1歩、2歩と中に入ってみませんか？　もし、読後のあなたに「それもいいかも」と思って頂けるのであれば、私の挑戦は成功です。

永野裕之

切りとり線

★読者のみなさまにお願い

この本をお読みになって、どんな感想をお持ちでしょうか。祥伝社のホームページから書評をお送りいただけたら、ありがたく存じます。今後の企画の参考にさせていただきます。また、次ページの原稿用紙を切り取り、左記まで郵送していただいても結構です。

お寄せいただいた書評は、ご了解のうえ新聞・雑誌などを通じて紹介させていただくこともあります。採用の場合は、特製図書カードを差しあげます。

なお、ご記入いただいたお名前、ご住所、ご連絡先等は、書評紹介の事前了解、謝礼のお届け以外の目的で利用することはありません。また、それらの情報を6カ月を越えて保管することもありません。

〒101-8701（お手紙は郵便番号だけで届きます）
祥伝社　新書編集部
電話03（3265）2310
祥伝社ブックレビュー　www.shodensha.co.jp/bookreview

★本書の購買動機（媒体名、あるいは○をつけてください）

＿＿＿＿新聞の広告を見て	＿＿＿＿誌の広告を見て	＿＿＿＿の書評を見て	＿＿＿＿の Web を見て	書店で見かけて	知人のすすめで

★100字書評……文系でもわかるAI時代の数学

名前

住所

年齢

職業

永野裕之　ながの・ひろゆき

永野数学塾塾長。東京大学理学部地球惑星物理学科卒業。同大学院宇宙科学研究所（現JAXA）中退。高校時代には広中平祐氏主催の「数理の翼セミナー」に東京都代表として参加。レストラン（オーベルジュ）経営、ウィーン国立音楽大学（指揮科）への留学を経て、現在はオンライン個別指導塾・永野数学塾（大人の数学塾）の塾長を務める。メディアからの取材も多く、これまでにNHK（Eテレ）「テストの花道」、ABEMA TV「ABEMA Prime」、東京FM「Blue Ocean」等に出演。著書に『とてつもない数学』（ダイヤモンド社）、『ふたたびの高校数学』（すばる舎）、『中学生からの数学「超」入門』（ちくま新書）、『教養としての「数学I・A」』（NHK出版新書）など。

文系《ぶんけい》でもわかるAI《エーアイ》時代《じだい》の数学《すうがく》

永野《ながの》裕之《ひろゆき》

2022年8月10日　初版第1刷発行

発行者……………辻 浩明
発行所……………祥伝社《しょうでんしゃ》
〒101-8701　東京都千代田区神田神保町3-3
電話　03(3265)2081(販売部)
電話　03(3265)2310(編集部)
電話　03(3265)3622(業務部)
ホームページ　www.shodensha.co.jp

装丁者……………盛川和洋
印刷所……………萩原印刷
製本所……………ナショナル製本

Printed in Japan　ISBN978-4-396-11661-3　C0241

〈祥伝社新書〉
大人が楽しむ理系の世界

215
眠りにつく太陽
地球は寒冷化する

地球温暖化が叫ばれるが、本当か。太陽物理学者が説く、地球寒冷化のメカニズム

神奈川大学名誉教授
桜井邦《くに》朋《とも》

242
数式なしでわかる物理学入門
物理学は「ことば」で考える学問である。まったく新しい入門書

桜井邦朋

229
生命は、宇宙のどこで生まれたのか
「宇宙生物学(アストロバイオロジー)」の最前線がわかる

神戸市外国語大学准教授
福江 翼

290
ヒッグス粒子の謎
なぜ「神の素粒子」と呼ばれるのか？　宇宙誕生の謎に迫る

東京大学教授
浅井祥《しょう》仁《じ》

318
文系も知って得する理系の法則
生物・地学・化学・物理——自然科学の法則は、こんなにも役に立つ

元・慶應義塾高校教諭
佐《さ》久《く》 協《やすし》

〈祥伝社新書〉
大人が楽しむ理系の世界

338
大人のための「恐竜学」
恐竜学の発展は日進月歩。最新情報をＱ＆Ａ形式で

北海道大学教授 小林快次 監修
サイエンスライター 土屋 健 著

430
科学は、どこまで進化しているか
「宇宙に終わりはあるか?」「火山爆発の予知は可能か?」など、6分野48項目

名古屋大学名誉教授 池内 了《さとる》

475
宇宙エレベーター その実現性を探る
しくみを解説し、実現に向けたプロジェクトを紹介する。さあ、宇宙へ!

東海大学講師 佐藤 実

490
オスとメスはどちらが得か?
生物界で繰《く》り広げられているオスとメスの駆け引き。その戦略に学べ!

静岡大学農学部教授 稲垣栄《ひで》洋《ひろ》

638
ブレインテックの衝撃 脳×テクノロジーの最前線
世界の注目が高まるＩＴと脳科学を融合させたテクノロジーの今

KDDI総合研究所リサーチフェロー 小林雅一

〈祥伝社新書〉
経済を知る

478
新富裕層の研究
日本経済を変える新たな仕組み
新富裕層はどのようにして生まれ、富《とみ》のルールはどう変わったのか
経済評論家 加谷珪一

503
仮想通貨で銀行が消える日
送金手数料が不要になる? 通貨政策が効《き》かない? 社会の仕組みが激変する!
信州大学教授 真壁昭夫

625
カルトブランディング
顧客を熱狂させる技法
グローバル企業が取り入れる新しいブランディング手法を徹底解説
マーケティングコンサルタント 田中森士

636
世界を変える5つのテクノロジー
SDGs、ESGの最前線
2030年を生き抜く企業のサステナブル戦略を徹底解説
ベンチャー投資家・京都大学経営管理大学院客員教授 山本康正

660
なぜ日本企業はゲームチェンジャーになれないのか
——イノベーションの興亡と未来
山本康正